GEOGRAFIA E FILOSOFIA

ELISEU SAVÉRIO SPOSITO

GEOGRAFIA E FILOSOFIA

CONTRIBUIÇÃO PARA O ENSINO DO PENSAMENTO GEOGRÁFICO

4ª reimpressão

Direitos de publicação reservados à:
Fundação Editora da UNESP (FEU)

Praça da Sé, 108
01001-900 – São Paulo – SP
Tel.: (0xx11) 3242-7171
Fax: (0xx11) 3242-7172
www.editoraunesp.com.br
www.livrariaunesp.com.br
feu@editora.unesp.br

Dados Internacionais de Catalogação na Publicação (CIP)
(Câmara Brasileira do Livro, SP, Brasil)

Sposito, Eliseu Savério
Geografia e filosofia: contribuição para o ensino do pensamento geográfico / Eliseu Savério Sposito. – São Paulo: Editora UNESP, 2004.

Bibliografia.
ISBN 85-7139-514-4

1. Geografia – Estudo e ensino 2. Geografia – Filosofia 3. Geografia – Metodologia I. Título.

04–1097 CDD–910.01

Índices para catálogo sistemático:
1. Geografia: Filosofia 910.01
2. Pensamento geográfico 910.01

Este livro é publicado pelo projeto *Edição de Textos de Docentes e Pós-Graduados da UNESP* – Pró-Reitoria de Pós-Graduação da UNESP (PROPG) / Fundação Editora da UNESP (FEU)

Editora afiliada:

Asociación de Editoriales Universitarias de América Latina y el Caribe

Associação Brasileira de Editoras Universitárias

Há pessoas que marcam, indelevelmente, nossa formação intelectual.
Cada um, ao seu modo, Armen Mamigonian, Dióres Santos Abreu,
Armando Corrêa da Silva e Ariovaldo Umbelino de Oliveira
marcaram, com as conversas, as brincadeiras, as aulas, as viagens
e as orientações, a minha maneira de encarar o mundo
e fazer um pouquinho de Geografia. O meu privilégio
de ter convivido com eles, eu carrego comigo.

Sumário

Prefácio
Ariovaldo Umbelino de Oliveira 9

Introdução 13

1 A questão do método e a crítica do conhecimento 23

2 Teoria do conhecimento e realidade objetiva 73

3 Conceitos 87

4 Temas 121

5 Teorias 171

Considerações finais 195

Referências bibliográficas 201

Apêndice 211

Índice onomástico 215

Prefácio

A Geografia, como campo do saber científico, tem uma história marcada pelo distanciamento e pela quase ausência do diálogo com a Filosofia. Essa postura tem a ver com uma história do pensamento extremamente empiricista, que fez que o primeiro texto de um geógrafo publicado em uma coleção de Filosofia somente surgisse no final da década de 60 do século XX: *Geografia* de Yves Lacoste – coleção de Filosofia de François Chatelet. Mais do que isso, fez que o filósofo François Dosse, em seu livro *A história do estruturalismo*, no segundo volume, incluísse um capítulo sobre a Geografia com o título: "A Geografia, essa convidada de última hora". Essa história de pouca aproximação com a Filosofia provavelmente tem a ver com o fato de ela ter sido disciplina escolar antes mesmo de se constituir em campo de investigação científica. Enfim, primeiro estruturou um conjunto de informações sobre o mundo e as ensinou em currículos escolares, antes mesmo de seu surgimento no mundo acadêmico. Entre as razões explicativas está aquela relacionada à necessidade de formação do espírito de nação nos jovens estados nacionais europeus.

Particularmente, o final da década de 1960 foi ímpar com o período histórico marcado pela contestação do *status quo* acadêmico. O movimento estudantil, em âmbito mundial, brandiu palavras de ordem contra a ordem desigual do mundo capitalista e contra o papel ideológico da ciência no mundo do capital. Assim, a Geografia não ficou, finalmente, imune à crítica. O encontro com a Filosofia passou a permitir que o debate entre as correntes filosóficas ganhasse lugar na produção acadêmica da Geografia e, com ela, nascessem a crítica e a necessária e contínua construção da história do pensamento geográfico.

Como consequência dessa verdadeira rebelião da base dos que produziam a ciência geográfica, estruturou-se a corrente de pensamento que tem na dialética sua raiz filosófica. Esse movimento, identificado com o ideário marxista, trouxe o diálogo com a Filosofia para a produção do conhecimento em Geografia.

Nesse mesmo período da história, também a influência do empirismo lógico fez que geógrafos que seguiam essa corrente de pensamento estabelecessem diálogos com o que chamavam de Filosofia da Ciência. Incorporando uma concepção de ciência que se pressupunha neutra, distanciaram-se sobre o debate entre Ciência e Ideologia. Suas visões axiomáticas sobre o método impediram que a reflexão abrisse lugar a uma história do pensamento geográfico marcada pela pluralidade. Edificaram um rígido caminho e autodenominaram seu método de "método científico", assumindo, assim, uma postura radical, colocando os demais métodos como concepções "não científicas".

A separação radical entre Ciência e Ideologia no debate entre marxistas e empiristas lógicos estabeleceu patamares de críticas que formaram um caldo de cultura para que o encontro da Geografia e da Filosofia, definitivamente, passasse a marcar a produção acadêmica da Geografia.

Este ensaio de Eliseu Savério Sposito – *Geografia e filosofia* – é parte dessa produção acadêmica da Geografia no início do século XXI. Apresentado como tese para a obtenção do título de livre-docente em concurso público na Unesp, em Presidente Pudente-SP, constitui-se em indicativo desse agora contínuo encontro da Geografia com a Filosofia. O ensaio nasceu como produto do acúmulo das reflexões construídas em sala de aula no ensino da pós-graduação em Geografia. Nasceu, portanto, da necessária relação entre teoria e prática, prática e teoria. O saber ensinado e buscado na Filosofia e na história do pensamento geográfico frutificou sob a forma de um ensaio sobre os diálogos estabelecidos entre professor e pós-graduandos sobre a Geografia e a Filosofia.

O ensaio apresenta cinco capítulos nos quais as reflexões versam sobre a questão do método e a crítica do conhecimento; a teoria do conhecimento e a realidade objetiva; os conceitos; temas; e, por fim, teorias. Uma bela viagem pelo mundo da Filosofia é estabelecida para construir um ensino crítico que permita aos leitores a abertura das bases do conhecimento e da reflexão sobre suas práticas.

A visita à temática sobre o método traz consigo um percurso pelas diferentes correntes da Filosofia e pelos seus primados edificantes. A incursão pela teoria do conhecimento abre lugar à necessária compreensão do ato de produzir conhecimento e de suas relações com o mundo da ciência. Lá estão as três famosas perguntas por meio das quais a produção do conhecimento se inicia: Por quê? Como? e Para quê?

O capítulo relativo aos conceitos está marcado pela discussão sobre os três mais polêmicos conceitos que a Geografia produziu: espaço, região e território. Esses conceitos, certamente, somados aos de paisagem e lugar formam o conjunto dos objetos de investigação científica na Geografia em todo o mundo. Eliseu discute-os de forma a permitir suas compreensões e a elaboração de procedimentos e caminhos para a reflexão.

A incursão por temas atuais abre também espaço para que modernidade, globalização e mundialização venham se somar à análise da crise paradigmática que a Geografia estaria vivendo. Crise que parece, agora, ser permanente na produção científica da Geografia. Talvez seja o caso de relembrar um texto de Carlos Walter Porto Gonçalves no histórico Encontro de Geógrafos da Associação dos Geógrafos Brasileiros (AGB), em Fortaleza-CE, no já distante 1978: "A Geografia está em crise. Viva a Geografia!". Por isso, a reflexão sobre a AGB é parte desses temas, pois foi por ela e pelos seus encontros e congressos que passaram parte significativa dos diálogos entre a Geografia e a Filosofia no final do século XX, no Brasil.

No último capítulo, o ensaio trata das teorias e faz interessantes visitas à teoria do ciclo de erosão, às teorias das localidades centrais e à teoria sobre os dois circuitos da economia urbana. São análises e aproximações que, certamente, ajudaram os geógrafos a colocar, em suas investigações, a necessária e fundamental tarefa da produção teórica.

Assim, este livro vem, em boa hora, contribuir para que a distância entre a Geografia e a Filosofia desapareça, e que os diálogos filosóficos se tornem diálogos cotidianos na Geografia. Que o objetivo se torne realidade.

Ariovaldo Umbelino de Oliveira
(inverno brasileiro do ano de 2003)

Introdução

Este livro, que consideramos um ensaio epistemológico, tem uma proposta simples: resgatar alguns elementos e informações que possam ajudar, sem maior aprofundamento, uma primeira abordagem, por estudantes de cursos de graduação, das diferentes maneiras possíveis de se estudar o pensamento geográfico.

Resultado das reflexões que se acumularam, aos poucos, a partir do trabalho com uma disciplina intitulada "Metodologia científica em Geografia", ministrada no Programa de Pós-graduação em Geografia da Faculdade de Ciências e Tecnologia, da Universidade Estadual Paulista (Unesp), Campus de Presidente Prudente, este ensaio foi sendo organizado considerando-se algumas ideias básicas para a compreensão do tema indicado.

As diferentes sessões que tivemos contaram, não podemos deixar de registrar, com a participação de vários mestrandos e doutorandos que foram, pouco a pouco, com suas inquietações, auxiliando na elaboração das questões e na busca das respostas que, nem sempre, chegaram a contento.

Acrescentem-se a essas observações as inquietações, no dia a dia de professor, procurando organizar as visões pessoais de leitura e interpretação da realidade, que provocaram, ora mais ora menos, perguntas sobre como explicar, para alunos de graduação e de pós-graduação, o que é o método científico e o que é o conhecimento humano.

Buscando afirmar uma proposta de motivação para se debater o método e o conhecimento científico pela articulação entre conceitos, temas e teorias geográficas, sabemos dos problemas que vamos enfrentar quando outros intelectuais (sejam geógrafos ou com outras formações) depararem com este texto e fizerem sua leitura e interpretação de nossa proposta. Esses problemas terão que ser debatidos para que possamos, aos poucos, superar a carência metodológica existente entre aqueles que fazem Geografia. Esta é uma primeira justificativa.

Uma outra justificativa, que podemos apontar para a elaboração desta proposta, é a pouca preocupação que se tem tido, na comunidade geográfica brasileira, com a reflexão epistemológica do conhecimento, mas, principalmente, com as bases que consideramos necessárias, especialmente aquelas que dizem respeito ao método e à teoria do conhecimento.

Em primeiro lugar, precisamos deixar clara a distinção entre conhecimento e pensamento. Para compreender o conhecimento, palavra derivada do latim *cognoscere*, que significa "procurar, saber, conhecer", partimos do pressuposto, como já afirma Japiassu[1] (1989, p.55), de que se trata da "apropriação intelectual de determinado campo empírico ou ideal de dados, tendo em vista dominá-los e utilizá-los". Já quanto a pensamento, derivado do latim *pensare*, que significa "pensar, refletir", consideramos, de acordo com o mesmo autor citado, que ele se constitui numa "atividade intelectual visando à produção de um saber novo pela mediação da reflexão", ou seja, "o pensamento é o 'trabalho' efetuado pela reflexão do sujeito sobre um objeto, num movimento pelo qual a

1 Este autor foi utilizado em várias passagens do presente texto. É preciso, no entanto, deixar claro que ele foi citado apenas por seu *Dicionário básico de Filosofia*, em parceria com Danilo Marcondes, edição de 1989, sem, em nenhum momento, entrar no mérito de sua produção filosófica.

matéria-prima que é a experiência é transformada de algo não sabido, num saber produzido e compreendido" (ibidem, p.192).

Trazendo para a discussão dos temas da Geografia, podemos dizer, então, que o conhecimento refere-se à produção intelectual dos geógrafos em suas mais diferentes investigações, na busca de realizar uma leitura da realidade objetiva. De maneira diferente, o pensamento é decorrente do trabalho epistemológico de discussão e reflexão daquilo que é acumulado pelas leituras da realidade, resultando em novos conhecimentos em níveis mais abstratos e mais profundos sobre aquilo que é produzido pelos geógrafos.

A diferenciação que propomos exige, em suas diferentes determinações, a utilização, no campo intelectual, de alguns elementos básicos e necessários, que se deslocam tanto para a análise do conhecimento quanto para a do pensamento geográfico.

Esses elementos, buscados no campo filosófico, são as teorias, as doutrinas, os conceitos e, especialmente, os métodos (sem que se esqueça das categorias básicas de cada um deles) que orientam a reflexão intelectual na tentativa de ler e interpretar a realidade.

Por essas razões, este ensaio estrutura-se da seguinte maneira. Procuramos inicialmente organizar nossas ideias sobre o que é o método e demonstrar os diferentes métodos existentes que servem de suporte para a investigação científica. Deixando de lado a multiplicidade metodológica decorrente da fragmentação da ciência moderna, partimos do pressuposto (e queremos que isso fique bem claro, mesmo que possam comparecer opiniões divergentes) de que há somente três métodos distintos e filosoficamente coerentes para o trabalho intelectual: são os métodos hipotético-dedutivo, dialético e fenomenológico.

Esses três métodos têm orientado, historicamente, toda a produção científica e filosófica e todas as decorrências dessa produção, como conceitos, ideologias, doutrinas e temas. A defesa da ideia de que existem apenas três métodos poderá provocar indignação, especialmente daqueles que acham que a cada disciplina corresponde um método, ou, mais drasticamente, daqueles que, tendo mais intimidade com a Filosofia, acharem que um geógrafo não deve se arriscar em percorrer esses caminhos.

Como partimos do pressuposto de que a verdade, em seu estatuto científico, é resultado das mais diferentes manifestações do intelecto humano, não existindo uma verdade absoluta que reflita qualquer ou todo conhecimento, achamos que é possível colocar em pauta de discussão, para os geógrafos, assuntos tão complexos e ao mesmo tempo tão caros e necessários para o aprofundamento do temário geográfico.

Não pretendemos, entretanto, estabelecer uma hierarquia entre os métodos. Eles têm seu papel na orientação da produção do conhecimento científico de diferentes maneiras. Ora por se identificarem com critérios de verdade, de ideologia, por exemplo; ora por se identificarem com disciplinas; ora por serem fundamentais para a estruturação de elementos lógicos básicos para o encaminhamento do raciocínio. Tampouco pretendemos fazer uma leitura dialética dos três métodos enfatizados. Procuramos, enquanto possível, deixar cada método "falar por si" o que, em nossa opinião, também pode ter sido atingido apenas parcialmente.

Em nenhum momento – queremos registrar – esteve presente a preocupação de estabelecer verdades definitivas para a orientação metodológica do ensino do pensamento geográfico, mas apenas propor direcionamentos que, como pontos de partida, podem ser úteis para aqueles que entendem também que é preciso, antes de mais nada, preocupar-se com o *como fazer* ciência para depois partir para a tarefa *do que* fazer.

Outras perguntas clássicas da ciência estiveram, também, permeando nossa investigação. *Por quê* foi a primeira delas. Sem saber as razões históricas do assunto discutido acreditamos ser difícil situar a reflexão e as analogias necessárias entre diferentes itens do temário geográfico. A pergunta *Quando*, por sua vez, permitiu contextualizar, no tempo, as ideias e os autores e suas matrizes filosóficas. Por fim, não menos importante, é preciso dizer que também é sempre útil verificar *Onde* os fatos ocorreram. Essas perguntas são básicas para qualquer reflexão científica. Assim, elas podem não comparecer explicitamente no texto, mas estarão sendo respondidas, subliminarmente, em vários momentos da nossa exposição.

Após a análise que fazemos dos métodos científicos, há uma discussão, igualmente apresentada de modo resumido, de alguns elementos básicos da teoria do conhecimento, que engloba as diferentes manifestações do intelecto humano, suas limitações e suas intermediações.

Estabelecidas as premissas da abordagem do pensamento geográfico, procuramos organizar o texto em três partes distintas. A primeira delas contém três conceitos importantes para a Geografia. Esses conceitos são espaço (e tempo), território e região. Para sua discussão, fomos buscá-los em vários filósofos e geógrafos que contribuíram para seu desenvolvimento, tendo como escopo o conhecimento científico chamado de "ocidental".

Numa etapa seguinte, discutimos, com preocupações semelhantes, os temas "modernidade" e "globalização", bastante atuais, que formam uma interface entre Geografia, Sociologia, Antropologia, Filosofia e História. Mesmo que tentemos sempre partir do pressuposto de que a divisão da ciência em disciplinas é um entrave para a reflexão epistemológica, não podemos deixar de admitir que ela compõe a realidade acadêmica e científica presente. Se, por um lado, a divisão da ciência em disciplinas teve papel importante e decisivo na capacidade que o homem teve para se aprofundar, verticalizando sua capacidade de investigação, por outro, ela esteve, também, na base do distanciamento entre os diferentes saberes e suas linguagens específicas.

Um outro tema apresentado nessa etapa é a Associação dos Geógrafos Brasileiros (AGB), entidade existente desde 1934 que congrega os geógrafos de todo o país cuja trajetória é marcada, num primeiro período, por assembleias científicas e, num segundo, por encontros científicos e congressos. Essa trajetória também pode ser contada pelas práticas dos geógrafos ligados à entidade, pelas atividades desenvolvidas durante os diferentes eventos por ela patrocinados, pelas obras de alguns importantes nomes que ficaram gravados em seus anais e publicações diversas; enfim, pelos vários acontecimentos, pessoas, fontes e eventos que contribuíram, cada um à sua maneira, para que a associação fosse sendo mantida até os dias atuais.

No item seguinte, procuramos discutir três teorias geográficas que têm sua temporalidade e especificidades metodológica e doutrinária: são as teorias do ciclo de erosão de William Davis, elaborada nos Estados Unidos no final do século XIX, das localidades centrais, elaboradas por Walter Christaller, na Alemanha, na primeira metade do século XX, e a dos dois circuitos da economia urbana, elaborada por Milton Santos, geógrafo brasileiro, enquanto residia na França, na década de 1970.

Os assuntos tratados constituem-se, apenas, em uma pequena parte do riquíssimo e variado temário geográfico. Outros deles poderiam ter sido escolhidos como exemplo para nossa reflexão. A escolha dos conceitos, temas e teorias não obedeceu a nenhum critério de hierarquização entre si. Consideramos para a sua escolha a importância que cada um representa para a discussão do pensamento geográfico.

Outras referências também poderiam ter sido apontadas, como a biografia de eminentes geógrafos e suas obras; o estudo detalhado de temas decorrentes de recortes temáticos ou territoriais que se notabilizaram no pensamento geográfico; ou mesmo a discussão dos resultados registrados em teses e dissertações de programas de pós-graduação espalhados pelo território brasileiro. As referências e pontos de partida são, por fim, vários, e qualquer opção, como a que ora fazemos, pode ser alvo de críticas que, esperamos, venham ao encontro da nossa preocupação primeira expressa no início desta Introdução, que é a de procurar estabelecer alguns parâmetros que sejam úteis para o ensino do pensamento geográfico.

Nossa intenção é, igualmente, que a articulação entre conceitos, temas e teorias fique clara pela utilização do método, como básico para a leitura e interpretação dos fragmentos do conhecimento geográfico que, neste texto, evidenciamos.

Como a proposta deste texto é a discussão de categorias, conceitos e temas pela óptica definida do método e da teoria do conhecimento,[2] a utilização de bibliografia especializada foi importante para a "montagem" do mosaico que ora se apresenta. Daí decorrem as inúmeras citações que utilizamos, na tentativa de alinhavar a discussão desses assuntos e, se possível, deixar para outros a tarefa de ampliar o escopo para outras temáticas.

Este texto não teria sido elaborado sem contar com ajudas importantes. Embora a escolha deva ser reputada apenas ao seu autor, muitas outras pessoas participaram do nosso dia a dia e que, de uma maneira ou de outra, consciente ou inconscientemente, deixaram sua contribuição.

Foram os alunos da graduação que, à época em que ministrava as disciplinas Evolução do Pensamento Geográfico ou Metodologia em Geografia, estranharam o fato de que num curso de Geografia pudesse haver temáticas tão abstratas e de difícil apreensão por causa das deficiências na sua formação básica. Foram os alunos da pós-graduação que, desde 1992, estiveram presentes nas nossas provocações sobre como organizar uma tese ou uma dissertação, considerando a importância do método e a necessidade de se ter claro o recorte temático escolhido para sua investigação.

Foi minha família, muitas vezes sacrificada com minha "ausência e isolamento estratégico" para "carregar a bateria" no tenso e denso cotidiano universitário.

Foram os colegas do Grupo de Pesquisa Produção do Espaço e Redefinições Regionais (GAsPERR), na busca incessante da definição do que é uma linha de pesquisa, de qual recorte territorial adotar para as investigações empíricas etc.

Foram os colegas do Departamento de Geografia e de outros departamentos da Unesp de Presidente Prudente, nas conversas informais sobre as características do conhecimento científico, que também participaram de nossa caminhada. Alguns deles, que precisam

---

2 Não se pretende, neste ensaio, dar autonomia ao método nem à teoria do conhecimento, mas utilizá-los como referência fundamental para o exercício da epistemologia do pensamento geográfico.

ser apontados, leram alguns originais de partes do trabalho, realizando suas leituras e dando suas contribuições científicas, tanto no que concerne à redação quanto no que se refere a fontes bibliográficas diversas. Dentre estes, apontamos Marcos Alegre, já aposentado e um dos que mais participam das atividades do Programa de Pós-graduação em Geografia, assim como Jayro Gonçalves Melo, João Lima Sant'Anna Neto e, como não poderia deixar de ser, a mais importante, pela ligação afetiva, Maria Encarnação Beltrão Sposito, a Carminha. Sem essas leituras, o texto teria ficado menos detalhado em relação ao que agora é apresentado. A esses colegas, o nosso agradecimento pela inquestionável colaboração.

Foram os dois orientadores que tivemos no mestrado, Armando Corrêa da Silva, a quem prestamos uma homenagem póstuma, e do doutorado, Ariovaldo Umbelino de Oliveira, ambos professores da Universidade de São Paulo, que com a paciência necessária foram lendo os manuscritos da dissertação e da tese e dando suas opiniões para a sua organização e sua defesa.

Os aspectos coletivos da produção do conhecimento estão presentes indiretamente neste texto. Muitas vezes, se a solidão ("*non, je ne suis jamais seul, avec ma solitude*", como já cantou Georges Moustaki), rompida apenas pela presença do computador ou das folhas de papel, constitui-se na companhia necessária para o trabalho de redação de um texto científico, ela não pode ser encarada, ontologicamente, como um ser único, mas como um elemento também provido de muitas qualidades e virtudes em sua influência sobre as pessoas.

Por fim, é preciso alertar o leitor de que a bibliografia básica do presente texto não pode ser considerada completa em suas possibilidades de abranger todos os assuntos apontados, mas deve ser encarada como contribuição ou, pelo menos, como sugestão para todos aqueles que queiram se aproximar das possibilidades que temos para o ensino do pensamento geográfico.

A formatação das referências bibliográficas, bem como a correta citação ao longo do texto são devidas a Maria José Trisóglio. A ela, cuja paciência foi importante para os retoques finais deste trabalho, agradecemos enormemente.

Os resultados de vários dias pensando e escrevendo estão nas páginas que se seguem. Vamos a eles.

1
A QUESTÃO DO MÉTODO E A CRÍTICA DO CONHECIMENTO

Introdução

Para se conceber uma metodologia de ensino do pensamento geográfico é preciso, inicialmente, discutir o método científico. É considerando-o historicamente e em sua dimensão filosófica que passaremos a tratá-lo neste texto.

Essa proposta parte do pressuposto de que o método não pode ser abordado do ponto de vista disciplinar, mas como instrumento intelectual e racional que possibilite a apreensão da realidade objetiva pelo investigador, quando este pretende fazer uma leitura dessa realidade e estabelecer verdades científicas para a sua interpretação.

Assim considerado, o método não se confunde com as disciplinas que foram resultando da fragmentação da ciência, desde o Renascimento, mesmo que, com esse desdobramento, o conhecimento científico tenha mostrado importantes avanços para a compreensão e explicação do mundo. A nosso ver, é a fusão simplificadora entre método e disciplina que foi provocando a crise paradigmática que atualmente se vive. É preciso salientar, neste momento, que outras crises paradigmáticas já ocorreram na ciência, mas por outros motivos. No presente, estamos propondo a necessidade de se buscar na discussão do método uma das possibilidades de explicação para essa situação.

Por essas razões, podemos dizer que o pensamento ocidental vive, há algum tempo, uma crise paradigmática já apontada por diversos estudiosos do assunto. Mesmo com a discussão aberta, não são muitas as pessoas que trabalham com o temário geográfico que estão interessadas em participar do debate.

Não cabe aqui procurar as razões para essa "negligência" para com assunto tão sério para a Geografia. Mas uma possível explicação para essa atitude, entre tantas outras que acreditamos poder buscar, é a recusa de se trabalhar a questão[1] metodológica em toda a sua abrangência.

A abrangência a que nos referimos deve levar em consideração, como já afirmamos, o método do ponto de vista de suas mudanças ao longo do tempo, seus elementos componentes – leis, conceitos, teorias – e as influências ideológicas que podem afetá-lo.

A importância do método e de sua discussão em Geografia é inegável. Para Santos (1996, p.62-3), a questão do método é fundamental porque se trata [da construção de um sistema intelectual que permita, analiticamente, abordar uma realidade, a partir de um ponto de vista", não sendo isso um dado *a priori*, mas "uma construção", no sentido de que "a realidade social é intelectualmente construída".

Para desenvolver essa discussão, vamos pelo seguinte caminho: inicialmente, vamos debater o seu significado e demonstrar o que entendemos por método; em seguida, vamos trabalhar com diferentes correntes doutrinárias que estão subordinadas e que subordinam os métodos científicos. Nos itens seguintes, vamos lembrar alguns cuidados necessários para se interpretar um texto porque, dado o assunto que nos propomos a estudar – o conhecimento geográfico – a cultura do texto tem que estar sempre presente. Por fim, é preciso ter certos cuidados com a atitude de se ler um texto.

---

1 E aqui cabe mesmo falar em questão, pois consideramos que este assunto vai além de uma simples pergunta e de um mero problema para a Geografia: ela trata de vários aspectos concernentes ao método, desde a sua compreensão histórica até as possibilidades de sua aplicação, da maneira mais próxima possível à sua concepção, considerando-se suas leis, seus conceitos e a doutrina subjacente.

O método científico

Iniciemos pelo *método*.

Embora possa parecer prosaico, vamos inicialmente confrontar algumas definições para o termo, pois a intenção deste texto é, primordialmente, contribuir para o ensino do pensamento geográfico, demonstrando para o estudante de Geografia que há várias possibilidades de se iniciar o estudo de questões relativas ao pensamento geográfico.

Assim, o primeiro passo para a aproximação ao significado de uma palavra é consultar um ou mais dicionários ou obras de referência que procurem confrontar diferentes definições do método.

Desse modo, para Japiassu & Marcondes (1990), em seu *Dicionário básico de Filosofia*, a palavra método deriva do grego e é formada por *meta* (por, através de) e *hodos* (caminho). Em seguida, eles definem método como

> conjunto de procedimentos racionais, baseados em regras, que visam atingir um objetivo determinado. Por exemplo, na ciência, o estabelecimento e a demonstração de uma verdade científica.

Parafraseando Descartes, os autores acrescentam:

> por método, entendo as regras certas e fáceis, graças às quais todos os que as observam exatamente jamais tomarão como verdadeiro aquilo que é falso e chegarão, sem se cansar com esforços inúteis, ao conhecimento verdadeiro do que pretendem alcançar. (p.166)

Em seguida, os autores enumeram seis métodos: axiomático, hipotético-dedutivo, indutivo, dialético, de análise-síntese e hermenêutico. Quanto ao elenco desses métodos, chamamos a atenção do leitor para a discussão que faremos mais adiante, analisando com outros elementos e referências os diferentes métodos da ciência.

Se tomarmos um dicionário mais específico, como o de Sandroni (1989, p.197), com termos de Economia, vemos que a definição de método é a seguinte:

instrumental teórico integrado usado na análise dos fenômenos econômicos. Cada escola econômica dispõe de um método, um conjunto de conceitos adequados ao objeto de seu estudo e de acordo com a orientação adotada. Assim, o pesquisador procura no decorrer de seu trabalho distinguir o essencial do acessório em determinada realidade econômica, conforme a metodologia que adotou. A questão do método é o ponto inicial de diferenciamento entre as correntes de pensamento, pois condiciona o processo de análise.

Para esse autor, na Economia existem apenas dois métodos básicos: o dedutivo e o indutivo.

O método, em linguagem científica, jamais estará presente nas simples ações de uma cozinheira, ao fazer um arroz para o almoço. Todavia, definir método é algo muito complexo dentro das ciências e da própria Filosofia. Vejamos a seguir algumas definições de método, extraídas da obra de Lakatos (1982, p.40), segundo diferentes autores:

é o caminho pelo qual se chega a determinado resultado, ainda que esse caminho tenha sido fixado de antemão de modo refletido e deliberado. (Hegemberg)

Método é uma forma de selecionar técnicas, formas de avaliar alternativas para a ação científica. Métodos são regras de escolha, técnicas são as próprias escolhas. (Ackoff)

Método é a forma de proceder ao longo de um caminho. Na ciência os métodos constituem os instrumentos básicos que ordenam de início pensamentos ou sistemas, traçam de modo ordenado forma de proceder do cientista ao longo de um percurso para alcançar um objetivo. (Trujillo)

é um conjunto de procedimentos por intermédio dos quais: a) se propõem os problemas científicos e b) colocam-se à prova as hipóteses científicas. (Bunge)

À opinião desses autores, acrescentamos o que afirmou Severino (1992, p.121), definindo o método: "é o conjunto de procedimentos lógicos e de técnicas operacionais que permitem ao cientista descobrir as relações causais constantes que existem entre os fenômenos".

Iniciando, já neste ponto, a polêmica sobre o método, podemos afirmar que a definição de Bunge comporta elementos doutrinários e ideológicos e reduz o método apenas à indução e à dedução que, a nosso ver, constituem-se em encaminhamentos do pensamento que são comuns a todos os métodos. Essa ideia será defendida novamente mais adiante.

As definições aqui colocadas apontam para um entendimento de método único, como ele aparece para Descartes. Embora estejam essas definições presentes neste texto com o objetivo de apresentar várias propostas, adiantamos que nossa concepção de método vai além dos procedimentos, técnicas ou regras.

Para organizar nossa discussão, vamos lembrar alguns antecedentes históricos e necessários. Para os atenienses, o método restringia-se à arte de dominar o discurso (retórica). Os sofistas provocavam os debates indicando que "não havia normas propriamente ditas para o verdadeiro e o falso. Sócrates tentou, ao contrário, mostrar que certas normas são, entretanto, absolutas e válidas para todos" (Gaarder, 1995, p.82).

Posteriormente, segundo esse mesmo autor, vamos ver preocupações com o método apenas durante o Renascimento. É René Descartes quem cria "um subjetivismo idealista e racional", rejeitando todas "as certezas dogmáticas e prontas e parte da 'dúvida'", como forma de conhecer o mundo. Para ele, o método *é* "um meio de apreender a realidade através de conceitos claros e distintos", denominando-o dúvida metódica (p.253-61).

A partir daí, o empirismo inglês, o idealismo alemão, a dialética hegeliana, o positivismo comteano e o materialismo histórico marxista serviram de bases teóricas e doutrinárias para o desenvolvimento não só do conhecimento científico e filosófico, mas de métodos diferentes e de posturas e interpretação da realidade baseados em fundamentos diferenciados. Assim, se os pontos de partida são racionalistas ou empiristas, materialistas ou idealistas, os métodos são utilizados dependendo da própria intencionalidade do investigador.

Nos manuais *The Dictionary of Human Geography,* de Johnston (1994), *Dicionário de Geografia,* da Editora Melhoramentos (1996),

Dicionário geológico-geomorfológico, de Guerra & Guerra (1997), ou nos três volumes da *Encyclopédie de Géographie*, de Bailly et al., 1993, não há nenhuma referência à palavra método. Apesar de serem apenas obras de referência, podemos deduzir que não há tradição de se discutir esse tema na Geografia e de que a aproximação dessa ciência com a Filosofia tem pouca significação no universo acadêmico.

Depois dessa confrontação de informações encontradas em dicionários, vamos buscar outras informações em obras que aprofundam um pouco mais esse assunto. Como este texto é, em princípio, voltado para apresentar e sistematizar nossas ideias para uma proposta de ensino do pensamento geográfico, devemos fazer o exercício de ir além do fácil caminho dos dicionários.

Se isso pode ser um bom começo para a aproximação com os termos necessários na interdisciplinaridade com a Filosofia, é pouco para um trabalho de abordagem do pensamento geográfico que exige aprofundamento no estudo, tentando passar para além do nível científico, atingindo os níveis epistemológico e ontológico. Vamos voltar a esse assunto mais adiante e abordá-lo mais exaustivamente. No momento, estamos estocando ideias, conceitos e definições para que nossa proposta possa se desenvolver pouco a pouco.

Trabalhando com a Filosofia do século XVII, Chauí, na obra *Primeira filosofia* (1986), afirma que a palavra método "tem um sentido vago e um sentido preciso". E continua sua distinção entre esses dois sentidos:

> sentido vago porque todos os filósofos possuem um método ou o seu método, havendo tantos métodos quanto filósofos. Sentido preciso, porque o bom método é aquele que permite conhecer verdadeiramente o maior número de coisas com o menor número de regras.

Dessa forma, o método "é sempre considerado matemático", ou seja, "que o método procura o ideal matemático".

Para Chauí (1986), isso significa

> 1) que a matemática é tomada no sentido grego da expressão *ta mathema*, isto é, conhecimento completo, perfeito e inteiramente dominado pela

inteligência; 2) que o método possui dois elementos fundamentais de todo conhecimento matemático: a *ordem* e a *medida* (p. 77, grifo nosso).

Quanto a isso, ela considera:

> ordem é o conhecimento do encadeamento interno e necessário entre os termos que foram medidos, isto é, estabelece qual o termo que se relaciona com outro e em qual sequência necessária, de sorte que ela estabelece uma série ordenada, sintetiza o que foi analisado pela medida e permite passar do conhecido ao desconhecido. (p.78)

Na sequência de suas explicações, Chauí focaliza o método como "ciência universal da ordem e da medida, podendo ser analítico ou sintético", considerando-o dedutivo pelos racionalistas intelectuais (que partem das ideias para as sensações) e indutivo pelos racionalistas empiristas (que partem das sensações para as ideias).

Apesar de nossa intenção não ser uma discussão filosófica dos termos até agora relacionados, mas uma tentativa de aproximar a Geografia da Filosofia, temos que deixar clara a nossa aceitação de alguns deles: como afirmamos anteriormente, indução e dedução são procedimentos da razão e não métodos diferenciados e com identidade própria.

Consideramos entretanto que, diferentemente de alguns autores já citados, os métodos são os seguintes: hipotético-dedutivo, dialético e fenomenológico, porque eles contêm as características de um método científico, como leis e categorias, e estão, historicamente, relacionados a procedimentos específicos e teorias disseminados pela comunidade científica.

O método hipotético-dedutivo

Como já anotamos em matéria anterior (Sposito, 1999), o método hipotético-dedutivo, citando Japiassu & Marcondes (1990), é aquele "através do qual se constrói uma teoria que formula hipóteses a partir das quais os resultados obtidos podem ser deduzidos, e com base nas quais se podem fazer previsões que, por sua vez, podem ser confirmadas ou refutadas". Entretanto,

> é discutível até que ponto as teorias científicas realmente se constituem e se desenvolvem segundo o método hipotético-dedutivo, uma vez que nem sempre há uma correspondência perfeita entre experimentos e observações, por um lado, e deduções, por outro. (p.143)

O método hipotético-dedutivo tem suas raízes no pensamento de René Descartes (1596-1650), que procurou estabelecer um método universal baseado no rigor matemático e na razão. Para isso, ele estabeleceu algumas regras.

Analisando o pensamento cartesiano, Vergez & Huisman (1984, p.141-2) assim relatam:

> 1. "*A primeira regra é a evidência*", que não deve admitir "*nenhuma coisa como verdadeira se não a reconheço evidentemente como tal*". Assim, deve-se "*evitar toda 'precipitação' e toda 'prevenção'* (preconceitos [ou pré-conceitos]) e *só ter por verdadeiro o que for claro e distinto, isto é, o que 'eu não tenho a menor oportunidade de duvidar'*". A evidência é algo indubitável (que resiste às dúvidas) e "*o produto do espírito crítico*".
> 2. Uma outra regra é a "*análise: 'dividir cada uma das dificuldades em tantas parcelas quantas forem possíveis'*".
> 3. A terceira é a regra "*da síntese: 'concluir por ordem meus pensamentos, começando pelos objetos mais simples e mais fáceis de conhecer para, aos poucos, ascender, como que por meio de degraus, aos mais complexos'*". Com esta regra cartesiana, podemos lembrar o procedimento indutivo e veremos que ele se constitui em elemento semelhante à regra exposta.
> 4. A última regra é aquela dos "*desmembramentos tão completos... a ponto de estar certo de nada ter omitido*".

Mediante essas regras metodológicas, Descartes utiliza "uma argumentação escolástica tardia", afirmando as "provas da existência de Deus", através de um outro sentido: "é a razão que exige Deus como substância da realidade". Seu raciocínio pode ser assim acompanhado: se Deus é perfeito, tem que existir por ser perfeito; se Deus é um ser perfeito, é uma ideia perfeita, e por ser ideia, existe em mim, e como eu penso e logo existo, Deus existe em mim; enfim, Deus existe!

Importante recurso metodológico cartesiano pode ser comprovado pelo seguinte argumento: a afirmação "a ideia que existe em mim" permite deduzir que, mesmo sendo concebida como inata, a ideia permite a elaboração de novas ideias pelo exercício do método.

Fundamental para a filosofia moderna, a obra de Descartes (e, por extensão, dos pensadores modernos) recupera o conceito de razão, opondo-o ao dogma e contestando o princípio da autoridade, incompatível com a razão científica.

Como figura fundamental no Renascimento, o racionalismo de Descartes (e, por extensão, de Galileu) recupera o racionalismo grego, embora, como mostram as quatro regras já expostas, estabeleça-se aí a lógica formal como encadeamento da investigação científica.

Esse método foi consagrado pela filosofia e pela ciência ocidental e cristalizou-se na prática cotidiana de uma infinidade de pessoas que se dedicam à produção e à análise do conhecimento científico.

Por que razões? Voltando ao que afirmaram Vergez & Huisman (1984), porque, em primeiro lugar, "ela afirma a independência da razão e a rejeição de qualquer autoridade". Por exemplo: Aristóteles disse "não é mais argumento sem réplica!". O que interessa é a "clareza e a distinção das ideias". Em segundo lugar, pode-se afirmar que o método é racionalista

> porque a evidência de que Descartes parte não é, de modo algum, a evidência sensível e empírica. Os sentidos nos enganam, suas indicações são confusas e obscuras, só as ideias da razão são claras e distintas. O ato da razão que percebe diretamente os primeiros princípios é a intuição. A dedução limita-se a veicular, ao longo das belas cadeias da razão, a evidência intuitiva das "naturezas simples". A dedução nada mais é do que uma intuição continuada. (p.142)

Como podemos ver, indução e dedução para Descartes são procedimentos do pensamento. Cabe aqui uma crítica ao fato de que, com o tempo, esses termos tornaram-se sinônimos do método. É muito difícil identificar (tanto porque não é nossa intenção, no momento) os agentes e os momentos desse "mau uso" dos termos, mas cabe, pelo menos, registrar o fato para que nossa argumentação sobre as mudanças nos significados do método fique bem clara.

No século XX, Karl Popper (1902-1994), filósofo austríaco fortemente influenciado pela filosofia do Círculo de Viena,[2] escola que se notabilizou por recuperar a discussão do que é científico a partir da linguagem matemática, refinando a "linhagem" cartesiana e aprimorando a doutrina positivista com o que se chama, hoje, de uma maneira bastante vulgarizada, de neopositivismo, parte de uma visão materialista da realidade e discute o empirismo.

Para Popper (1975, p.40), "formular uma definição aceitável de 'ciência empírica' é tarefa que encerra dificuldades". E como para a Geografia a abordagem do empírico é fundamental tanto para a produção da informação geográfica quanto para a da análise a partir da observação, acreditamos ser necessário insistir um pouco mais no método hipotético-dedutivo.

Para Popper, uma das dificuldades é o fato de se denominar "ciência empírica" aquele construto que pretende "representar apenas um mundo: o mundo 'real', ou o 'mundo de nossa experiência'". Por ex-

---

2 Para Japiassu & Marcondes (1990, p.50), o Círculo de Viena é uma "associação fundada, na década de 1920, por um grupo de lógicos e filósofos da ciência, tendo por objetivo fundamental chegar a uma *unificação* do saber científico pela eliminação dos conceitos *vazios de sentido* e dos pseudoproblemas da metafísica e pelo emprego do famoso critério da *verificabilidade* que distingue a ciência (cujas proposições são verificáveis) da metafísica (cujas proposições inverificáveis devem ser supressas). Ao recusar a introdução dos elementos sintéticos *a priori* no conhecimento, o Círculo, liderado por Rudolf Carnap, com o objetivo de eliminar definitivamente a metafísica, prega que todos os enunciados científicos devem ser sempre *a posteriori*, pois não são outra coisa senão simples *constatações*, ou seja, enunciados protocolares, só tendo significado pelo conjunto lógico, isto é, pelo sistema das transformações analíticas no qual se integram ... Carnap se orienta para a elaboração de uma *semântica* lógica, vale dizer, para o estudo das relações entre uma linguagem e os sistemas de objetos ou interpretações que tornam os enunciados verdadeiros. Concebe, então, a filosofia como uma *semiótica* que estuda a natureza da linguagem da ciência ... Chega, assim, a um 'neopositivismo' que reduz o papel da filosofia ao de *clarificação* da linguagem científica".

tensão, o critério de demarcação deve representar "um mundo de experiência possível". Assim, a "experiência" apresenta-se "como um método peculiar por via do qual é possível distinguir um sistema teórico do outros" (ibidem, p.40-1).

Continuando com a análise de suas afirmações, vejamos mais algumas assertivas: "se não houver meio possível de determinar se um enunciado é verdadeiro, esse enunciado não terá significado algum, pois o significado de um enunciado confunde-se com o método de sua verificação". Então, para Popper, "não existe a chamada indução".

Aqui vemos que ele – e por extensão podemos compreender o pensamento dos filósofos do Círculo de Viena, sem buscar generalizações simplificadoras – só reconheceria "um sistema como empírico ou científico se ele for passível de comprovação pela experiência". A verificação das verdades científicas e o dimensionamento do progresso da ciência só poderão ser feitos mediante o critério de demarcação que ele chama de "falseabilidade de um sistema". Para ser legítimo, um sistema científico terá que ser *validado* "através do recurso a provas empíricas, em sentido negativo: deve ser possível refutar, pela experiência, um sistema científico empírico" (ibidem, p.42).

O método que ele denomina de empírico levaria à produção de conhecimentos que seriam passíveis de refutação, ou seja, de um "teste de falseabilidade" que, uma vez superado, deixaria para a ciência a contribuição de algo que, cientificamente produzido, seria mais um acréscimo ao progresso da ciência.

A lógica da pesquisa e dos procedimentos científicos para se elaborar conhecimentos, para a tendência neopositivista, teria que se adequar a um sistema lógico de raciocínio, a uma linguagem específica (a linguagem matemática). Todo o conhecimento produzido, por sua vez, teria que passar "pela prova da falseabilidade" para atingir o estatuto científico.

Se em pauta está a lógica formal, está correto o que Popper afirma. No entanto, vamos verificar como analisa a lógica formal um outro filósofo, de orientações metodológica e doutrinária completamente diferente.

Para Henri Lefèbvre (1983), a lógica formal "pode ser considerada como um dos sistemas de redução do conteúdo, através do qual o entendimento chega a 'formas' sem conteúdo, a formas puras e rigorosas, nas quais o pensamento lida apenas consigo mesmo, isto é, com 'nada' de substancial".

Essa prática da lógica levaria à formulação de um "ser" pensado, como "afirmação ela mesma geral e vazia, mas que será implicada em todo o pensamento" (p.132-3). Para Lefèbvre, esse é o princípio da identidade, que "é o princípio da coerência, do acordo rigoroso do pensamento consigo mesmo" (p.133).

Nessa abordagem metodológica, a relação entre o sujeito e o objeto pode ser, simbolicamente, representada da seguinte forma:

Sujeito < Objeto

O objeto prevalece sobre o sujeito, ou seja, o objeto estudado é posicionado a montante, influenciando o pesquisador e os seus conhecimentos, mesmo que a neutralidade científica seja um pressuposto básico. O real é descrito por meio de hipóteses e deduções.

Se continuarmos confrontando as argumentações dos dois filósofos citados, construiremos duas retas que só se encontrarão no infinito. Como, neste texto, o que interessa inicialmente é expor ao leitor as diferenças de método científico que foram elaborados e praticados pela inteligência humana e não seu julgamento *tout court*, vamos neste capítulo continuar apenas com a confrontação de características de cada um dos métodos.

Quando, nos capítulos posteriores, estivermos discutindo o pensamento geográfico, estaremos incorporando a ele esses diferentes métodos e fazendo sua avaliação crítica.

O método fenomenológico-hermenêutico

Retomando nosso texto já citado anteriormente (Spósito, 1999), queremos lembrar que um segundo método por nós definido é o fenomenológico-hermenêutico. O termo hermenêutico designava, até o fim do século XIX, "todo esforço de interpretação científica de um texto difícil que exige uma explicação"; para Dilthey, em seu esforço de "compreensão vital", o termo refere-se ao fato de que as "formas da cultura, no curso da história, devem ser apreendidas através da experiência íntima de um sujeito; cada produção espiritual é somente o reflexo de uma cosmovisão (Weltanschauung) e toda filosofia é uma 'filosofia de vida'". Contemporaneamente, a hermenêutica "constitui uma reflexão filosófica interpretativa ou compreensiva sobre os símbolos e os mitos em geral".

Para Paul Ricœur, há duas hermenêuticas:

> (a) a que parte de uma tentativa de transcrição filosófica do freudismo, concebido como um texto resultando da colaboração entre o psicanalista e o psicanalizado. E (b) a que culmina numa "teoria do conhecimento", oscilando entre a leitura psicanalítica e uma fenomenologia. (apud Japiassu & Marcondes, 1990, p.119)

Para Nunes (1989, p.88), a fenomenologia, como filosofia,

> pretende ser uma crítica de toda a tradição especulativa ou idealista. Abandona os pressupostos do psicologismo, refuta o positivismo e o empirismo a um mesmo tempo e se propõe como uma nova metodologia do conhecimento, buscando fugir da antinomia, da objetividade do conhecimento ou subjetivismo gnoseológico. Quer uma apreensão pura das essências e capaz de descrever a experiência total do vivido, do humano.

A fenomenologia pode também ser entendida como uma

> corrente filosófica fundada por E. Husserl, visando estabelecer um método de fundamentação da ciência e de constituição da filosofia como ciência rigorosa. O projeto fenomenológico se define como uma "volta às coisas mesmas", isto é, aos fenômenos, aquilo que aparece à consciência, que se dá como seu objeto intencional. O conceito de intencionalidade ocupa um lugar central na fenomenologia, definindo a própria consciência como intencional, como voltada para o mundo,

pois é o próprio Husserl (apud Japiassu & Marcondes, 1990, p.97) quem afirma: "toda consciência é consciência de alguma coisa". A pretensão dos fenomenólogos torna-se impressionante quando se sabe que eles pretenderam "combater o empirismo e o psicologismo e superar a oposição tradicional entre realismo e idealismo".

É Nunes (1989) quem afirma que as primeiras definições desse método foram elaboradas por Husserl (1859-1938), mas foi Maurice Merleau-Ponty (1908-1961) que se sobressaiu na França, quem refutou "a concepção idealista do homem, como também a concepção materialista objetivista" e define "o homem em função da concretude histórica, com a tarefa de construir sua vida numa apreensão e criação de sentido para seu existir" (ibidem, p.88).

Procurando um novo método crítico para captar e explicar a realidade, a fenomenologia é uma filosofia do subjetivo, pois é "fundamental compreender o peso que a fenomenologia deu ao 'eu-pensante', não no sentido cartesiano, mas como intencionalidade, desvelar-se do humano, tendência e apelo para o ser". Para Heidegger, "o homem é concebido como uma estrutura ou organização definida de 'modo de ser', onde uma parte é fixa e a outra gerada e transmitida".

Utilizando algumas categorias próprias, como o "estar-aí", o "agir", o "ser-para", o problema do mundo, a fenomenologia deu lugar ao surgimento do existencialismo que busca combater o essencialismo ("uma definição universal e apriorística da condição humana") (p.90).

Ainda procurando analisar os argumentos de Husserl, Vergez & Huisman (1984, p.376-7) afirmam que ele procurava se opor a um realismo absoluto "a atitude que consiste em levar em conta só os objetos, a ignorar o sujeito pensante") que não passa de "uma atitude ingênua". Ele substitui a "dúvida cartesiana por uma atitude mais sutil, mais matizada, que é a simples 'colocação entre parênteses do mundo'", chegando a uma redução *fenomenológica* "porque minha experiência aí se encontra propriamente 'reduzida' ao que é dado, ao que aparece, ao que se manifesta autenticamente". E o que é verdadeiramente dado é o mundo, "pois eu me apreendo como pensando alguma coisa", daí que "toda consciência é consciência de alguma coisa". Husserl "constata que toda consciência visa um objeto ... para a consciência", o que "não é um retorno ao realismo, é antes uma posição de estilo kantiano, um idealismo transcendental".

Ainda para Husserl (apud Vergez & Huisman, 1984, p.377), a fenomenologia ultrapassa "simultaneamente o realismo e o idealismo. Ela ultrapassa o idealismo na medida em que toda consciência visa a um objeto transcendente, isto é, exterior a ela; ultrapassa o realismo na medida em que toda significação remete a uma consciência transcendental, doadora de sentido".

Um último problema colocado por ele é o "problema do outro": "o outro não é só aquele que vejo, mas aquele que me vê e é também fonte transcendental de um mundo que lhe é dado" (ibidem, p.377).

Segundo Vergez & Huisman (1984, p.374-5), para Husserl, na fenomenologia a palavra "fenômeno não significa absolutamente (como em Platão e em Kant) a simples aparência que se opõe à verdade do ser ou do 'númeno'". Para ele, "o fenômeno é antes aparição que aparência, ele é manifestação plena de sentido, e toda a filosofia consiste em elucidar este sentido". Ele começou sua reflexão "com uma crítica à psicologia positivista 'científica' de sua época", vendo "em todo conhecimento a atividade de um sujeito pensante, de um sujeito transcendental", partindo "de reflexões sobre o pensamento matemático".

Lencioni (1999, p.150-1) afirma que, "acima de tudo, é preciso ressaltar que a fenomenologia consiste num método e numa forma de pensar, nos quais a 'intencionalidade da consciência' é considerada chave" porque a "consideração da percepção advinda das experiências vividas é, assim, considerada etapa metodológica importante e fundamental", procurando romper "a oposição entre sujeito e objeto, tanto quanto entre ator e observador" e firmando-se "uma visão antropocêntrica do mundo e uma recuperação do humanismo que a Nova Geografia havia feito desaparecer com seus modelos teóricos". Com essa perspectiva, o espaço vivido, como "revelador das práticas sociais" passa a ser a referência central, colocando-se o lugar no centro da análise (ibidem, p.153-4).

Procurando fazer uma aproximação com a Geografia, Armando Corrêa da Silva (1986, p.54-5) buscou em Bochénski a definição do método fenomenológico:

> podemos distinguir na fenomenologia dois traços fundamentais. Em primeiro lugar, trata-se de um método que consiste em descrever o fenômeno, isto é, aquilo que se dá imediatamente. Como tal, a fenomenologia não se interessa pelas ciências da natureza e se defronta com o empirismo. Também renuncia – e com isso põe-se em oposição ao idealismo – a tomar como ponto de partida uma teoria do conhecimento. Deste modo, vemos que, como método, representa uma atitude radicalmente contrária a todos os traços que predominam no século XIX. Por outro lado, seu objeto é constituído pela essência, isto é, o conteúdo inteligível ideal dos fenômenos, que é captado em uma visão imediata: a intuição essencial.

Ainda sobre o método, é preciso enfatizar que "é preciso avançar para as próprias coisas. Esta é a regra. É a regra primeira e fundamental do método fenomenológico" (ibidem, p.55).

Mais especificamente falando da Geografia, esse autor afirma que a "valorização subjetiva do território" é decorrência de "retomar a subjetividade como tema de trabalho". Por isso, uma das tendências recentes é "apreender o significado do lugar", por não ser ele "apenas algo que objetivamente se dá, mas algo que é construído pelo sujeito no decorrer de sua experiência" (ibidem, p.55).

Aqui, a relação que se estabelece é aquela que mostra uma prevalência da figura do sujeito sobre o objeto pesquisado:

Sujeito > Objeto

No método fenomenológico, é o sujeito quem descreve o objeto e suas relações a partir do seu ponto de vista, depois dele se apropriar intelectualmente. O objeto torna-se elemento a jusante, correndo o risco de se tornar apenas o elemento a ser analisado.

Resumindo, o método fenomenológico-hermenêutico contém a redução fenomenológica e a intencionalidade, indo além do subjetivismo através da consciência. Na pesquisa científica, a figura do pesquisador faz-se presente na redução do fenômeno para a sua abordagem total.

O método dialético

Vamos, por fim, ao método dialético.

Para tanto, vamos mais uma vez retomar nosso texto já citado (Sposito, 1999). O método dialético é aquele que "procede pela refutação das opiniões do senso comum, levando-as à contradição, para chegar então à verdade, fruto da razão" (Japiassu & Marcondes, 1990, p.167). Se, para Platão, "a dialética é o processo pelo qual a alma se eleva, por degraus, das aparências sensíveis às realidades inteligíveis ou ideias" ou, mais especificamente,

> um instrumento de busca da verdade, uma pedagogia científica do diálogo, graças ao qual o aprendiz de filósofo, tendo conseguido dominar suas pulsões corporais e vencer a crença nos dados do mundo sensível, utiliza sistematicamente o discurso para chegar à percepção das essências.

Para Aristóteles ela é "a dedução feita a partir de premissas apenas prováveis", oposta ao silogismo, "fundado em premissas consideradas verdadeiras e concluindo necessariamente pela 'força da forma'" (Japiassu & Marcondes, 1990, p.72).

Ainda comparando Platão a Aristóteles, podemos afirmar o que segue. Platão estava concentrado "sobre as formas eternas ou as 'ideias', e não prestava muita atenção aos fenômenos naturais", afastando-se do "mundo dos sentidos para ir além de tudo o que nos envolve". Querendo provar o seu "mito da caverna", ele queria se aperceber do mundo das ideias, saindo assim da caverna. Para ele, filosofar era procurar atingir o estado supremo da alma: o êxtase somente seria atingido filosofando. Ele dizia que "as ideias eram mais reais que os fenômenos naturais", e que "o mais alto grau de realidade é constituído pelo que nós pensamos graças à razão" (Gaarder, 1995, p.124-6).

Aristóteles, ao contrário, dá as primeiras bases para a ciência empírica. Se Platão usou somente a razão, Aristóteles usou também os sentidos para produzir conhecimento. A maior parte do que produziu foi baseada em pesquisa de campo. Ele sistematizou e ordenou as diferentes ciências, tendo como primeira atitude científica a classificação. Ele fundou a lógica como ciência.

Para Aristóteles, segundo Gaarder (1995, p.126-30)

> a ideia de cavalo era somente um conceito que nós, os homens, criamos depois de ter visto um certo número de cavalos. A ideia ou a "forma" do cavalo não existe em si. A "forma" do cavalo é construída, segundo ele, pelas qualidades próprias do cavalo, o que, em outros termos, nós chamamos a espécie cavalo.

As formas estão "presentes nas coisas como a soma de suas qualidades particulares" e isso é uma evidência de que "o mais alto grau de realidade é o que nós percebemos com os sentidos" porque é a "natureza e somente ela que constitui o verdadeiro mundo" (ibidem).

Assim, o ser humano não possui ideias inatas, mas uma "faculdade inata de classificar todas as impressões dos nossos sentidos em diferentes grupos e categorias", porque a razão é o que distingue o homem dos outros seres. A realidade é composta "por diferentes coisas que, tomadas separadamente, são elas próprias compostas de forma e de matéria" (Gaarder, 1995, p.126-30).

Pelo que foi comparado, entre as formas de pensar de Aristóteles e de Platão, podemos observar a antinomia entre materialismo e idealismo, respectivamente. Esses dois pilares vão marcar toda a produção filosófica – e, por extensão, científica – dos 22 séculos seguintes, com diferentes qualificações. Mesmo na Geografia, se considerarmos que ela ganha estatuto de ciência a partir do Renascimento e seus desdobramentos nos séculos seguintes, essa antinomia vai continuar se manifestando nas diferentes escolas que vão surgir no mundo ocidental.

Voltemos a discutir o termo lógica. Para Prado Jr. (1968, p.41-2), a lógica aristotélica, que ele chama de clássica, "tratava-se do emprego adequado e correto da linguagem com o fito se não de convencer o adversário destituído de razão e incurso em erro, pelo menos de o confundir, exibindo as incoerências de suas teses". Sócrates usava o diálogo (dialética) "para o fim de pôr à mostra as incoerências eventualmente contidas em qualquer opinião, e assim reajustá-la convenientemente e a corrigir". A lógica perpetuou-se como "instrumento racional para a descoberta da Verdade", e continuou "ocupada com a estrutura formal da linguagem e com o método próprio de a manejar e dispor convenientemente no discurso, para o fim da revelação da Verdade".

Em nome da dialética, com a aparência de uma lógica correta, quanto se fez, em termos de ciência (e quanto se enganou)! Em nome da Verdade, produziu-se conhecimento, vulgarizaram-se expressões... e muitas pessoas passaram tangenciando a ciência sem deixar rastros ou contribuições. E é para discutir a concretude da dialética como método que estamos insistindo no assunto.

A dialética é resgatada por Georg Fredrich Hegel (1770-1831), que "retomou o movimento natural do pensamento na pesquisa e na discussão". Para Lefèbvre (1983, p.171), é utilizando-se da dialética que "os pesquisadores confrontam as opiniões, os pontos de vista, os diferentes aspectos do problema, as oposições e contradições; e tentam ... elevar-se a um ponto de vista mais amplo, mais compreensivo".

Vamos fazer, a partir da obra de Gaarder (1995), uma abordagem bem resumida do que propôs Hegel: para ele, o "Espírito do mundo" ou a "razão do mundo" progredia através da história e apenas o homem tem um "espírito". Segundo Gaarder, para Hegel a verdade é fundamentalmente subjetiva e ele não acreditava que pudesse existir uma verdade além ou fora da razão humana", pois "todo conhecimento é conhecimento humano" (p.380-1). Para compreender a realidade do mundo era preciso um método adequado para compreender o movimento da história, porque não existe razão intemporal. Portanto, se a razão é dinâmica, ela é um processo e a "'verdade' é esse próprio processo" (p.382): "todos os pensamentos que a tradição faz 'soltar' sobre nós, de uma parte, e as condições materiais que determinam nosso presente, de outra parte, concorrem para definir nosso modo de pensar" (p.382).

Assim, a "História é o lento despertar do Espírito do mundo até o estágio mais avançado da consciência de si mesmo", o que é uma "realidade histórica" e a História tem apenas um objetivo: "aquele de ultrapassar a si mesma" (p.383).

O pensamento que é elaborado, uma vez estabelecido, vai ser confrontado com um novo pensamento, criando assim uma tensão entre dois modos de pensamento. A isso Hegel chamou de processo dialético. Uma afirmação, ou seja, uma posição claramente definida atrai necessariamente uma negação. A tensão entre afirmação e negação leva necessariamente a uma nova posição, superior às duas, mas que contém suas ideias confrontadas, chegando-se à negação da negação. Esses três estágios do conhecimento (a tríade) foram chamados por Hegel de tese, antítese e síntese.

Hegel viveu enquanto predominava a doutrina do romantismo alemão, quando o individualismo era uma forte componente do pensamento. A esse romantismo ele opõe as "forças objetivas", que são a família e o Estado. Como os indivíduos não podem se abstrair da sociedade, o Estado seria uma forma superior, além da soma dos cidadãos. O Espírito do mundo "toma consciência de si mesmo em três estágios". Inicialmente, toma "consciência dele no indivíduo", o que foi chamada de razão subjetiva. Um "degrau superior é aquele da família e do Estado, o que Hegel chama de razão objetiva porque é uma razão que se revela no contato dos homens entre si". Continuando o movimento da História, "a forma mais alta do conhecimento em si, o Espírito do mundo chega à Consciência absoluta", constituída pela arte, pela religião e pela filosofia. Desses três domínios, "a filosofia é a forma mais elevada da razão" (apud Gaarder, 1995, p.388-90).

Para Bottomore (1988, p.101-2), a dialética em Hegel pode ser compreendida como processo lógico ou como o motor desse processo. Como processo lógico, "o princípio do idealismo ... une duas tendências antigas da dialética, a ideia eleática[3] da dialética como razão e a ideia jônica[4] da dialética como processo, na noção da dialética como um processo de razão que se autogera, autodiferencia e se auto particulariza". O resultado é o "Absoluto hegeliano – processo lógico ou dialético que se realiza pela própria alienação e estabelece sua unidade consigo mesmo reconhecendo essa alienação como nada mais que sua própria livre expressão ou manifestação". Por outro lado,

> o motor desse processo é a dialética, concebida de maneira mais restrita que Hegel chama de "a compreensão dos contrários em sua unidade ou do positivo no negativo". É o método que permite ao pensador dialético observar o processo pelo qual as categorias, noções ou formas de consciência surgem umas das outras para formar totalidades cada mais inclusivas, até que se complete o sistema de categorias, noções ou formas como um todo. Para Hegel, a verdade é o todo e o erro está na unilateralidade, na incompletude e na abstração. (ibidem, p.102)

Para Bottomore, a dialética de Hegel "progride de duas maneiras básicas: trazendo à luz o que está implícito, mas não foi articulado explicitamente numa ideia, ou reparando alguma ausência, falta ou inadequação nela existente" (ibidem, p.101-2).

Karl Marx com base na leitura da dialética de Hegel, vai fazer sua crítica e mostrar os limites do idealismo na interpretação das transformações do mundo. Marx afirma que "a mistificação que a dialética sofre nas mãos de Hegel não impede que ele tenha sido o primeiro a apresentar suas formas gerais do movimento de maneira abrangente. Com ele, a dialética está de cabeça para baixo. Ela deve ser invertida, para que se revele o núcleo racional dentro da ganga

---

3 Refere-se à Escola de Eleia, cidade da Magna Grécia, situada na Itália, na foz do Rio Alento, nas costas do Mar Tirreno, onde viveram Parmênides e Zenão. Essa escola estabeleceu a diferença entre o mundo físico, constituído pelos fenômenos reconhecidos pelos sentidos, e o mundo inteligível, reconhecido pela razão e que seria o objeto da ciência.

4 Escola grega, cujos nomes principais foram Anaxímenes, Tales e Anaximandro, que procurou investigar a origem primeira da natureza: se o ar, a água ou o infinito. A essa escola também estão vinculados Heráclito, Pitágoras e Xenófanes.

mística" (p.102). Ele utiliza, com frequência, método "dialético" como "sinônimo de método 'científico'" (p.104). Dando ênfase às determinações econômicas do capitalismo, Marx diz que "o segredo da dialética científica" depende da compreensão "das categorias econômicas como a expressão teórica de relações históricas de produção, correspondentes a determinada fase do desenvolvimento da produção material" (p.104).

Para Marx, a dialética compreende necessariamente a noção de movimento na História. Esse movimento ocorre quando, na confrontação de tese e antítese, a síntese contém aspectos positivos da tensão anterior, e apresenta-se como estágio superior que, por sua vez, se coloca também como uma nova tese. A História é a única ciência que deve existir, superando-se a divisão das ciências, que faz com que se tenha sempre uma visão parcial da sociedade.

Lencioni (1999, p.159) afirma que

> Karl Marx e Friedrich Engels conceberam o método materialista dialético, que contém os princípios da interação universal, do movimento universal, da unidade dos contraditórios, do desenvolvimento em espiral e da transformação da quantidade em qualidade.

A concepção marxista de história, que possibilitou a elaboração de conceitos (renda absoluta, mercadoria) e de teorias (mais-valia, por exemplo), permitiu a mais elaborada leitura do capitalismo como modo de produção historicamente produzido com todas as suas determinações.

Vejamos, neste ponto, o que Harvey, em seu livro *Justiça social e a cidade* (1984, p.248), afirma sobre o método dialético:

> Marx reuniu todos esses elementos difusos [versão dialética de Hegel, dualismos de Kant...] (e mais) constituiu um método que, pela fusão da teoria abstrata e da prática concreta, permitiu a criação de uma prática teórica através da qual o homem podia antes moldar a história do que ser moldado por ela. Marx viu o que ninguém antes tinha visto: que os inumeráveis dualismos que cercam o pensamento ocidental (entre o homem e a natureza, entre fato e valor, entre sujeito e objeto, entre

liberdade e necessidade, entre a mente e o corpo e entre o pensamento e a ação) podiam ser resolvidos somente através do estudo da prática humana; e, quando necessário, através de sua criação.

Para Harvey, a grande dificuldade de se exprimir claramente o que Marx entendia por método residia no fato de que, abstratamente, "o método só pode ser bem compreendido através de sua prática" (ibidem, p.248).

A dialética, como ciência das leis gerais do movimento e do desenvolvimento da natureza, da sociedade e do pensamento humanos, possui três leis, amplamente conhecidas por aqueles que têm um mínimo de familiaridade com o marxismo, que assim podem ser resumidas: (1) a transformação da quantidade em qualidade e vice-versa; (2) a unidade e interpenetração dos contrários, e (3) a negação da negação.

Para se compreender a complexidade das relações entre o que se produz em filosofia e os resultados dos pensamentos dos filósofos, convém mostrar como Bottomore (1988, p.106) expõe os diferentes desdobramentos da dialética:

> em sua longa e complexa história, cinco tendências básicas do significado da dialética, cada qual mais ou menos transformada no marxismo, se destacam. (1) De Heráclito, as contradições dialéticas, envolvendo oposições ou conflitos inclusivos de forças de origens não independentes, são identificadas por Marx como constitutivas do capitalismo e seu modo de produção. (2) De Sócrates, a argumentação dialética é, de um lado, transformada sob o signo da luta de classes, mas, de outro, continua a funcionar num certo pensamento marxista como uma norma de verdade, em "condições ideais" ... (3) De Platão, a razão dialética assumiu uma gama de conotações, desde a flexibilidade conceitual e a novidade – que, sujeitas a controles empíricos, lógicos e contextuais, desempenham papel crucial na descoberta e desenvolvimento científicos –, passando pelo esclarecimento e pela desmistificação (crítica kantiana) até a profunda racionalidade das práticas materialmente fundadas e condicionadas de auto-emancipação coletiva. (4) De Plotino a Schiller, o processo dialético da unidade original, da separação histórica e da unidade diferenciada continuam, por outro lado, como os limites contrafatuais

> ou polos que a dialética sistemática da forma mercadoria de Marx deixa implícitos, e age, por outro lado, como uma espora na luta prática pelo socialismo. (5) De Hegel, a intelegibilidade dialética é transformada em Marx, para incluir tanto a apresentação casualmente gerada de objetos sociais e sua crítica explicativa – em termos de suas condições de ser –, tanto as que são historicamente específicas e dependentes da práxis como as que autenticamente não o são. (p.106)

Na dialética, as categorias, comparecendo ora como pares contraditórios ora como elementos de uma tríade, são elementos que fazem parte de sua estrutura e que compõem seu movimento. Essas categorias são: matéria e consciência; singular, particular e universal; particular, movimento e relação; qualidade e quantidade; causa e efeito; necessário e contingente; conteúdo e forma; essência e fenômeno; possibilidade e realidade.

A esse rol de categorias, quando falamos daquelas que interessam à Geografia, é preciso acrescentar e destacar o espaço e o tempo, que Kant chamou de dois postulados[5] sem os quais não se pode conceber a realidade. Para Marx, espaço e tempo estão implícitos na ciência da História e são citados sem a necessidade de enfatizá-los como categorias.

Nesse método, a relação entre o sujeito e objeto se dá de forma contraditória não ocorrendo a "soberania" de nenhum deles, o que pode ser representada da seguinte forma:

Sujeito <---> Objeto

No método dialético o sujeito se constrói e se transforma *vis-à-vis* o objeto e vice-versa. Nesse caso, teremos as antíteses e as teses em constante contradição e movimento. Geralmente, os trabalhos que se utilizam desse método se caracterizam por ser mais críticos da

5 Do latim *postulatum*, que significa pressuposto. Esse termo, sempre associado à obra de Kant, significa uma "proposição cuja verdade se pressupõe para a demonstração de outras proposições", sem ser necessariamente demonstrável ou evidenciada (Japiassu & Marcondes, 1990, p.199).

realidade por sua concretude e pelo fato de mostrarem as contradições existentes no objeto pesquisado.

Embora possa parecer simplificado o modo pelo qual foi aqui descrito o método dialético, acreditamos ser sempre necessário deixar claro que as palavras só podem ser utilizadas em seu sentido mais preciso possível. Caetano Veloso já disse em sua música *Língua* que "só é possível filosofar em alemão". No entanto, é em português que pretendemos estabelecer nosso caminho de reflexão. E essa reflexão é complexa, pois vejamos mais alguns aspectos ligados a esse assunto.

Löwy, na obra *Ideologias e ciência social* (1991, utiliza indistintamente como sinônimos dialética materialista, materialismo dialético, filosofia da práxis e método dialético. Para ele não há apenas uma, mas várias maneiras de definir o método inaugurado por Marx. A maneira mais codificada é a do materialismo histórico e do materialismo dialético. A essa maneira ele acrescenta a contribuição de Gramsci que fala da filosofia da práxis, introduzida para disfarçar suas referências ao marxismo e ao bolchevismo.

O alerta dado pelo parágrafo anterior serve para darmos prosseguimentos à nossa análise. Frigotto (1989, p.83) enuncia alguns pontos que merecem atenção na pesquisa em ciências sociais:

> – há uma tendência de tomar o "método", ainda que dialético, como um conjunto de estratégias, técnicas, instrumentos;
> – a teoria, as categorias de análise, o referencial teórico, por outro lado, aparecem como uma camisa-de-força;
> a falsa contraposição entre qualidade e quantidade" é resultado de "uma leitura empiricista da realidade e a realidade empírica;
> – é preciso pensar na dimensão do sentido "necessário" e "prático das investigações que se fazem nas faculdades, centros de mestrado e doutorado" (sentido histórico, social, político e técnico) e se ter o cuidado necessário com metodologias que entram em cena, que se disseminam e são utilizadas indistintamente, como aconteceu, recentemente, com a pesquisa-ação.

Para esse autor, também é preciso ter cuidado com o que chamamos de monismo materialista. A "tese do monismo materialista funda-se na concepção de que o real, os fatos sociais – fatos esses produzidos pelos homens em determinadas circunstâncias – têm leis históricas que os constituem assim e não diferentemente, e que tais leis condicionam seu desenvolvimento e sua transformação" (ibidem, p.84). É a sustentação de que a estrutura econômica define o complexo social e suas diferentes dimensões, indicando: a) "o caráter radical do conhecimento histórico" que se "explicita mediante rupturas"; b) "que a ciência social é uma ciência não neutra"; c) que o materialismo histórico aponta para uma classe específica no capitalismo; d) "que as concepções do 'pluralismo ou do ecletismo metodológico' representam apenas uma variação ou uma das expressões das perspectivas metafísicas" (ibidem, p.84-5).

O método e algumas tendências doutrinárias

O método não se constitui em unanimidade na ciência. Se é preciso compreender sua gênese, suas características e as diferentes formas como ele se apresenta, é preciso também verificar como ele é abordado por pessoas com tendências doutrinárias diferentes.

Para demonstrar as diferenças de atitudes em relação ao método, a comparação entre dois filósofos contemporâneos ajuda bastante.

Popper, defende a utilização ortodoxa do método. Em sua obra *A lógica da pesquisa científica* (1975a, p.31-2), analisa o princípio da indução e ataca o "psicologismo" dizendo que a "tarefa que toca à lógica do conhecimento – em oposição à psicologia do conhecimento", parte da "suposição de que ela consiste apenas em investigar os métodos empregados nas provas sistemáticas a que toda ideia nova deve ser submetida para que possa ser levada em consideração".

Para Popper, a indução é fundamental na racionalização das ideias novas, que devem ser submetidas ao princípio da falseabilidade para se confirmar se são científicas ou não. Se "passarem no teste" da falseabilidade, evidenciarão o progresso da ciência, sendo acumuladas como mais uma contribuição válida. Essa é a possibilidade que tem um enunciado de se tornar verdadeiro. Como para ele não existe a indução, "as teorias nunca são empiricamente verificáveis" (ibidem, p.41-2). Entretanto, ele só reconhece "um sistema como empírico ou científico se ele for passível de comprovação pela experiência" (ibidem, p.42). É por essa razão que ele estabelece como "critério de demarcação não a verificabilidade, mas a falseabilidade de um sistema" (ibidem).

Seguindo seu raciocínio, ele diz que a experiência "apresenta-se como método peculiar por via do qual é possível distinguir um sistema teórico de outros" (ibidem, p.41) e, "consequentemente, que a objetividade dos enunciados científicos reside na circunstância de eles poderem ser intersubjetivamente submetidos a teste" (ibidem, p.46). Ele rejeita, contudo, a concepção naturalista do método, defendendo uma postura lógica, pois a "ciência deve ser definida por meio de regras metodológicas", de maneira sistemática, principalmente através de uma linguagem universal para todas as ciências. Essa linguagem universal é a matemática.

Aqui Popper procura consolidar a força do positivismo lógico, voltando a uma postura cartesiana de ciência. Para acrescentar seu princípio da falseabilidade como condição para a prova do conhecimento empírico e para o progresso da ciência, ele torna-se pilar do neopositivismo. Esse sistema filosófico tem como características:

1 A linguagem matemática como linguagem universal da ciência;

2 A lógica da razão como contraponto à experiência e à experimentação;

3 A falseabilidade como possibilidade de tornar científico qualquer enunciado;

4 A estruturação do conhecimento através da ideia de progresso, quando qualquer enunciado do conhecimento é refutado e um novo enunciado surge para substituí-lo, substituindo o conhecimento anterior;

5 O enunciado de que "as teorias científicas são enunciados universais" e "são sistemas de signos ou símbolos", que servem para "racionalizar, explicar, dominar o mundo" (ibidem, p.61).

Feyerabend, por sua vez, pensa de uma maneira exatamente contrária. Sua principal obra, *Contra o método* (1989), é dedicada a demonstrar que o rigor metodológico é muito mais um problema que um caminho para a produção científica. Para ele, "a ciência é um empreendimento essencialmente anárquico: o anarquismo teorético (sic) é mais humanitário e mais suscetível de estimular o progresso do que suas alternativas apresentadas por ordem e lei" (ibidem, p.19). Parafraseando Einstein, Feyerabend diz que "as condições externas... não lhe permitem, ao erigir seu mundo conceptual, que ele se prenda em demasia a um dado sistema epistemológico", pois, "afinal de contas, a história da ciência não consiste apenas de fatos e de conclusões retiradas dos fatos". Contém, a par disso, "ideias, interpretações de fatos, problemas criados por interpretações conflitantes, erros, e assim por diante" (p.20).

Após um enfático NÃO à adoção de um sistema metodológico específico, com regras estritas, e que até "alcança êxito", ele expõe duas razões para justificá-la: "o mundo que desejamos explorar ser uma entidade em grande parte desconhecida", e a "educação científica... não pode ser conciliada com uma atitude humanista", pois "a tentativa de fazer crescer em liberdade, de atingir vida completa e gratificadora e a tentativa correspondente de descobrir os segredos da natureza e do homem implicam, portanto, rejeição de todos os padrões universais e de todas as tradições rígidas" (ibidem, p.22).

Uma crítica que tem que ser considerada ao paradigma cartesiano, fundamento de todo o positivismo ou do positivismo lógico (neopositivismo), é que, segundo Morin (2000), ele separa "o sujeito e o objeto, cada qual na esfera própria: a filosofia e a pesquisa reflexiva, de um lado, a ciência e a pesquisa objetiva, de outro (p.26).

Em termos de categoria, a dissociação provocada por esse paradigma "atravessa o universo de um extremo ao outro: sujeito / objeto, alma / corpo, espírito / matéria, qualidade / quantidade, finalidade / causalidade, sentimento / razão, liberdade / determinismo, existência / essência... prescrevendo a sua "relação lógica: a disjunção" (p.26-7).

A polêmica entre Popper e Feyerabend, a nosso ver, é importante para mostrar os diferentes caminhos trilhados pelos pensadores quando se referem ao método científico ou dele se utilizam. Precisamos deixar claro, no entanto, que qualquer um de nós que pretenda debater a importância do método na Geografia deve explicitar sua posição quanto à importância do método e à escolha feita.

A própria atitude de polêmica entre os dois filósofos citados coloca-os em polos opostos e em real contradição, formando uma dualidade que pode ser captada e interpretada dialeticamente. E isso demonstra que, com o auxílio do método, podemos ler a realidade, por várias "portas de entrada": podemos interpretar, dialeticamente, o que produziram autores neopositivistas ou fenomenólogos e vice-versa. Podemos interpretar o que os sujeitos ligados ao materialismo histórico produziram pelo método hipotético-dedutivo ou pela fenomenologia e vice-versa. O cuidado necessário é, antes de mais nada, saber do que estamos tratando e conhecer as componentes e as características de cada método.

Correntes filosóficas contemporâneas

É preciso, neste ponto, enfocar os três métodos definidos anteriormente como componentes doutrinárias de correntes filosóficas contemporâneas. Neste item, vamos nos apoiar em Gamboa (1989).

Para organizar nossa exposição, vamos partir de um quadro que demonstra, de maneira sucinta e abrangente, os níveis de articulação lógica (técnica, teórica e epistemológica) e suas principais características. Esse quadro não pretende esgotar as informações sobre o tema, mas apenas demonstrar, de uma maneira que se compõe internamente, as características dos métodos já enunciados e de suas inter-relações, diferenças e semelhanças. Alertamos para o seguinte: o quadro não só demonstra as características e os elementos próprios dos métodos estudados, mas também vai além disso, buscando agrupar os desdobramentos das tendências teóricas a eles associadas ou deles decorrentes, com todas as suas componentes doutrinárias e ideológicas.

Quadro 1 – Agrupamento abrangente das correntes teórico-metodológicas

Pesquisas empírico-analíticas	Pesquisas crítico-dialéticas	Pesquisas fenomenológico-hermenêuticas
Articulação lógica		
Nível técnico		
Utilização de técnicas de coleta	Técnicas não quantitativas	Técnicas qualitativas
Técnicas descritivas	Histórias e análise do discurso	Histórias de vida e discurso próprio
Técnicas de análise de conteúdo	Incorporação dos dados contraditórios	Incorporação da informação a partir da postura do investigador
Obtenção de dados secundários ou por questionários e entrevistas	Pesquisa-ação; pesquisa participante; entrevistas; observação	Pesquisa participante; entrevistas; relatos de vivências; observação; alternativas e inovadoras
Nível teórico		
Autores clássicos do positivismo e da ciência analítica	Postura marcadamente crítica	Postura crítica e autores da fenomenologia
Tratamento dos temas a partir da definição das variáveis	Tentativa de desvendar conflitos de interesse	Interesse em desvendar as características do objeto
Fundamentação teórica na forma de revisão bibliográfica e especificação das variáveis manipuladas nas situações experimentais	Fundamentação teórica através da eleição das categorias de análise na sua articulação com a realidade estudada	Fundamentação teórica através da postura do pesquisador e da eleição das especificidades dos objetos
Neutralidade axiológica do método científico e imparcialidade do pesquisador; harmonia e equilíbrio para a produtividade	Questionamento da visão estática da realidade; apontamentos para o "caráter transformador" dos fenômenos	Denúncia e explicitação das ideologias subjacentes; deciframento de discursos, textos, comunicações
Neutralidade do método científico e imparcialidade do pesquisador	Preocupação com a tranformação da realidade estudada e da proposta teórica	Preocupação com a interpretação da realidade pela óptica teórica do pesquisador
Necessidade de diferenciar a ciência da crítica	Resgate da dimensão histórica	Análise da individualidade do fenômeno
Controle da situação, fenômeno ou da clientela estudada	Estabelecimento das possibilidades de mudanças	Controle da leitura e da interpretação do fenômeno

continuação

Pesquisas empírico-analíticas	Pesquisas crítico-dialéticas	Pesquisas fenomenológico-hermenêuticas
Nível epistemológico		
O conceito de causa é eixo da explicação científica	Concepção de causalidade como inter-relação entre os fenômenos	Ausência de causalidade e privilegiamento do fenômeno
A relação causal se explicita no experimento, sistematização e controle dos dados através das análises estatísticas posteriores	Inter-relação do todo com as partes e vice-versa, da tese com a antítese, dos elementos da estrutura econômica com os da superestrutura social, política, jurídica, intelectual etc.	Inter-relação do todo com as partes e vice-versa; decomposição dos elementos constituidores do fenômeno e abordagem do fenômeno individualmente
Validação da prova científica fundamentada nos testes dos instrumentos de coleta e tratamento dos dados, e ainda através dos modelos de sistematização das variáveis e na definição operacional dos termos (racionalidade técnico-instrumental)	Validação fundamentada na lógica do movimento em espiral e da transformação da matéria, e no método que explicita a dinâmica das contradições internas dos fenômenos – relação sociedade-natureza, reflexo-ação, teoria-prática, público-privado (razão transformadora)	Validação fundamentada na lógica interna do fenômeno e da razão, a partir do detalhamento da descrição e da capacidade hermenêutica de leitura dos resultados da investigação (apreensão, no nível racional, da realidade fenomênica), baseado na capacidade de interpretação do investigador
Concepção de ciência baseada na causalidade; percepção empírica e linguagem matemática	Concepção de ciência como categoria histórica, mediação homem-natureza; origem empírica objetiva do conhecimento	Concepção de ciência: variantes explicadas por uma invariante (estrutura cognitiva) e pela essência dos fenômenos
Causalidade	Ação	Interpretação
A-crítica	Crítica e autocrítica	Crítica e radical

Obs.: este quadro está baseado fundamentalmente em Gamboa (1989, p.91-115).

Continuando nossa discussão, vamos apresentar um outro quadro, que mostra os pressupostos gnosiológicos e ontológicos da pesquisa em Geografia, basicamente a partir de uma leitura do conhecimento geográfico produzido no Brasil que, a nosso ver, serve para estabelecer ligações teórico-metodológicas entre a Geografia e a Filosofia.

Para além disso, é preciso lembrar, também, que a abordagem do conhecimento geográfico por um método leva, necessariamente, à constituição de suas próprias referências teóricas. Isso não significa que o método tenha que subjazer a uma ou outra tendência doutrinária, embora, historicamente, a ciência, por causa de sua característica separação em disciplinas, tenha produzido ligações dessa natureza.

Quaini (1979, p.23) lembra, ao discutir o papel do método como intermediação do investigador para a realidade, que "um método que seja bem claro não admite – embora adversários e mesmo seguidores do marxismo tenham querido sustentá-lo – nem o determinismo natural, nem o determinismo econômico. Não admite, em outras palavras, nenhuma 'base', quer seja natural, quer seja econômica, como esfera que antecede a mediação inter-humana".

Os quadros citados neste item, mesmo que apresentem ideias abrangentes sobre os níveis da produção do conhecimento geográfico, contêm seus próprios limites porque é difícil, em tão poucas palavras, demonstrar todas as características de um amplo universo de análise.

Para que a própria clivagem sociedade-natureza possa ser articulada, como universo fundamental para a Geografia, com o escopo das pesquisas realizadas, o resumo do quadro se faz ainda necessário. Assim, mesmo sabendo dos limites de se inserir universo tão amplo e complexo em um quadro bastante simplificado, acreditamos que, pelo menos, é possível apresentar um panorama didaticamente satisfatório.

Os dois quadros incorporam, também, outros elementos que fazem parte de qualquer investigação científica. São esses elementos que iremos analisar nos subitens seguintes.

Quadro 2 – Pressupostos das pesquisas em Geografia

Pesquisas analíticas	Pesquisas crítico-dialéticas	Pesquisas fenomenológico-hermenêuticas
Gnosiológicos		
Objetividade – processo cognitivo centralizado no objeto (dedução)	Concreticidade – processo cognitivo centrado na relação dinâmica sujeito-objeto (dialética)	Racionalidade – processo cognitivo centrado na racionalidade do sujeito (dialética ou indução)

continuação

Pesquisas analíticas	Pesquisas crítico-dialéticas	Pesquisas fenomenológico-hermenêuticas
Existência de dado imediato despido de conotações subjetivas, analisado segundo as leis do raciocínio lógico dedutivo	Construção da síntese sujeito-objeto que acontece no ato de conhecer. Concreto como ponto de chegada, de um processo que tem origem empírico-objetiva, passa pelo abstrato, de características subjetivas e forma de síntese	Construção da ideia na síntese sujeito-objeto que acontece no ato de reflexão. Racional como ponto de partida e de chegada, de um processo que tem como origem lógico-subjetiva de enfoque totalizante
A história como categoria – preocupação sincrônica	A história como categoria – preocupação diacrônica	Historicidade ausente – preocupação exacrônica
Ontológicos		
Concepção de realidade (homem, sujeito, objeto, ciência, construção lógica) – visão fixista, funcional e pré-definida da realidade (recurso ou *input* e produto ou *output*)	Concepção de realidade (homem, sujeito, objeto, ciência, construção lógica) – visão dinâmica e conflitiva da realidade (categorias materialistas de conflito e de movimento; ser social	Concepção de realidade (homem, sujeito, objeto, ciência, construção lógica) – visão dinâmica, racional e de interação de todos os elementos da realidade (categorias racionais de conflito e complementaridade); existencialismo
A natureza como algo separado do homem e com estatuto próprio; o homem como entidade autônoma	A natureza e a sociedade como partes de um mesmo movimento; o Homem compreendido como sociedade	A natureza como concepção e ideia, apreendida no processo de conhecer, o Homem como natureza pensante

Obs.: este quadro se baseia em Gamboa (1989), mas foi complementado com outros elementos resultantes da leitura e da reflexão de outras obras que estão arroladas na bibliografia inserida no final deste livro.

Elementos do método

O método não existe como uma entidade simples e desconectada da realidade científica. Ele comporta, ao ser internalizado e utilizado pelo pesquisador, outros elementos. Esses elementos são, sem nenhuma preocupação de comparar suas importâncias, a doutrina, a teoria, as leis, os conceitos e as categorias.

Iniciemos, neste item, nossa discussão por doutrina e ideologia.

Por doutrina (do latim *doctrina*, que significa ensinamento, teoria) "podemos conceber o conjunto de princípios e teorias que determinam o caráter de verdade de um sistema filosófico, político ou religioso". Japiassu & Marcondes (1990, p.75) definem doutrina como um "conjunto sistemático de concepções de ordem teórica ensinadas como verdadeiras por um autor, corrente de pensamento ou mestre". Como exemplo, citam a doutrina de Tomás de Aquino e a doutrina do liberalismo. A esses dois exemplos podemos acrescentar a doutrina cristã, a doutrina marxista, a doutrina darwinista etc. A palavra verdade comparece de maneira enfática na definição de doutrina porque ela é a referência principal do sistema em questão, por se constituir em referência indiscutível e, consequentemente, dogmática. O caráter dogmático da verdade nas doutrinas encerra seu modo "impositivo e sem contestação por uma escola ou corrente de pensamento, fazendo apelo a uma adesão incondicional" (ibidem, p.75).

Ato contínuo, a doutrina e o dogma nos levam a questionar a *ideologia*.

Esse conceito é muito mais complexo do que parece em princípio. Mas é preciso uma breve abordagem para reconhecê-lo, se possível, no pensamento geográfico.

Criado como tentativa para se elaborar uma ciência da gênese das ideias, tratando-as como fenômenos naturais (biológicos), exprimindo a relação do corpo humano com o meio circundante por Destutt de Tracy no século XVIII (Löwy, 1991), esse conceito vai se modificando ao longo do tempo. Mais tarde, "passou a significar um conjunto de ideias, princípios e valores que refletem uma determinada visão de mundo, orientando uma forma de ação, sobretudo uma prática política" (Japiassu & Marcondes, 1990, p.127).

É Karl Marx quem vai (juntamente com Friedrich Engels) dar um sentido diferente à palavra "ideologia". Se ele foi, como diz Löwy, "literalmente inventado por um filósofo francês pouco conhecido ... discípulo de terceira categoria dos enciclopedistas, que publicou em 1801 um livro chamado *Élements d'idéologie*" (1991, p.11), quando toma contato com ele, Marx vê seu significado como "considerando ideólogos aqueles metafísicos especuladores, que ignoram a realidade". E é "nesse sentido que ele vai utilizá-lo a partir de 1846 em seu livro chamado *A ideologia alemã*". Para Marx, ideologia "é um conceito pejorativo, um conceito crítico que implica ilusão, ou se refere à consciência deformada da realidade que se dá através da ideologia dominante: as ideias das classes dominantes são as ideologias dominantes na sociedade" (Löwy, 1991, p.12).

Lenin dá outro sentido à palavra ideologia: ela é "qualquer concepção da realidade social ou política, vinculada aos interesses de certas classes sociais", existindo uma ideologia burguesa e uma ideologia proletária (p.12), por exemplo.

Para Oliveira (1990), "a ideologia é, antes de mais nada, um instrumento de dominação que é utilizado para que seja mantida a dominação". Para que não seja percebido o "mascaramento das propostas dos dominadores, as ideias dominantes devem ser assumidas pelos dominados como suas ou de sua classe" (p.26). Essa assunção das ideias dominantes dá-se sob a forma ideológica. Daí sua importância para explicar os conflitos latentes entre classes ou grupos distintos na sociedade capitalista e a intermediação do Estado como intermediário e como diminuidor das possibilidades de conflitos.

Outros pensadores, posteriormente, dentro dessa mesma corrente, vão dando sentidos diferentes à palavra ideologia. Lukács, Gramsci, Mannheim, entre outros, vão tornando o termo mais complexo, incorporando a ele outras determinações e características.

Georg Lukács (1885-1971) avança na crítica sobre as condições de transformações da sociedade analisando o dilema entre primeiro modificar a consciência para depois transformar a sociedade, dilema posto pelo materialismo vulgar e pelo idealismo moral. A essa situação, ele chama de "dilema da impotência" (Löwy, 1991, p.22).

Antonio Gramsci (1891-1937), por sua vez, enfatiza a força da ideologia ao estudar a função política dos intelectuais, classificando-os em *orgânicos* ("de que qualquer classe progressista necessita para organizar uma nova ordem social"), e *tradicionais* ("comprometidos com uma tradição que remonta a um período histórico mais antigo"). A construção de uma nova sociedade civil, para Gramsci, através da produção de uma nova hegemonia, seria possível se os intelectuais organizassem a "teia de crenças e relações institucionais e sociais" (Bottomore, 1988, p.166), porque a ideologia é, necessariamente, historicamente orgânica.

Karl Mannheim (1893-1947), outro pensador cuja matriz filosófica foi o marxismo, analisa a ideologia sublinhando o papel fundamental de dois fatores no processo cognitivo. Para ele, os fatores seriam identificados pela "derrocada da ordem social tradicional e da visão do mundo que a acompanha, assim como a contestação... do princípio da autoridade ao qual se opõem o indivíduo humano e as suas experiências" (Schaff, 1991, p.75). Esses dois fatores poderiam provocar mudanças ideológicas e, consequentemente, transformações sociais.

Neste momento, vamos enfatizar as principais características da ideologia, como mostram Japiassu & Marcondes, 1990, p.128): a) Eles designam, inicialmente, uma concepção idealista de certos filósofos hegelianos "que restingiam sua análise no plano das ideias, sem atingir portanto a base material donde elas se originam, isto é, as relações sociais e a estrutura econômica da sociedade"; b) Ela é um "fenômeno de superestrutura, uma forma de pensamento... que não deve revelar as causas reais de certos valores, concepções e práticas sociais que são materiais"; c) Ela se opõe à ciência e ao conhecimento crítico; d) Ela significa "o processo de racionalização – um autêntico mecanismo de defesa – dos interesses de uma classe ou grupo dominante, tendo por objetivo justificar o domínio exercido e manter coesa a sociedade, apresentando o real como homogêneo, a sociedade como indivisa, permitindo com isso evitar os conflitos e exercer a dominação".

Agora vamos nos ater um pouco a discutir o que é *teoria*. Conforme Japiassu & Marcondes (1990, p.234-5) teoria é, na "acepção clássica da filosofia grega, conhecimento especulativo, abstrato, puro, que se afasta do mundo da experiência concreta, sensível". De maneira mais abrangente e mais atual, pode-se concebê-la como "modelo explicativo de um fenômeno ou conjunto de fenômenos que pretende estabelecer a verdade sobre esses fenômenos, determinar sua natureza", apresentado como um "conjunto de hipóteses sistematicamente organizadas que pretende, através de sua verificação, confirmação ou correção, explicar uma realidade determinada". Ela refere-se ao conhecimento puro, distinto da prática, daquilo que é chamado de empírico.

Essa palavra não exige maiores discussões como a ideologia. Em ciências humanas, a teoria pode ser concebida como um conjunto de conhecimentos, leis e princípios que permitem uma leitura e uma interpretação da realidade. A teoria, conjunto de elementos racionais, organiza o conhecimento a partir de uma lógica interna e através da utilização de um determinado método. Deve haver coerência, portanto, entre a teoria (e toda a sua constituição racional) e o método (e todos os seus elementos e características constitutivos). Essa coerência vai permitir a leitura adequada das categorias e dos conceitos explicitados na teoria, diferenciando-a de outras teorias que tratem do mesmo tema ou assunto.

Outro elemento que precisamos enfocar é a *lei*. Em sentido geral, para Japiassu & Marcondes (1990, p.148-9), "lei é a expressão de uma relação causal de caráter necessário, que se estabelece entre dois eventos ou fenômenos". A lei científica, continuam, é

> aquela que estabelece, entre os fatos, relações mensuráveis, universais e necessárias, permitindo que se realizem previsões. As leis científicas têm uma formulação geral, sendo ou uma generalização a partir da experiência ("a água ferve a 100° C") ou uma formulação mais complexa ("dois corpos não podem ocupar ao mesmo tempo o mesmo lugar no espaço"), frequentemente de caráter dedutivo e expressa em linguagem matemática ("$E = mc^2$").

Embora haja controvérsia sobre a definição clara de lei, achamos importante considerá-la do ponto de vista científico e filosófico: a lei é um enunciado, resultado de uma construção teórica, que serve para especificar as características e as relações dos fenômenos estudados, permitindo sua generalização e a possibilidade de se construir um sistema (uma teoria) para interpretar a realidade, seja ela física ou social. A coerência, a força explicativa e o seu relacionamento com uma teoria fazem da lei um importante instrumento intelectual para a leitura da realidade.

Por *conceito,* de uma maneira geral, pode-se compreender, segundo Japiassu & Marcondes (1990, p.53), como sendo "uma noção abstrata ou ideia geral, designando, seja um objeto suposto único, seja uma classe de objetos", e do "ponto de vista lógico, o conceito é caracterizado por sua extensão e por sua compreensão". A extensão significa "o conjunto dos elementos particulares dos seres aos quais se estende esse conceito", ao passo que a compreensão se refere ao "conjunto dos caracteres que constituem a sua definição". Esses dois significados estão em constante interação na elaboração de um conceito e em ordem inversa de escala: quanto maior a compreensão, mais vaga a extensão, e quanto mais precisa a extensão, mais vaga a compreensão.

Para Deleuze & Guattari (1992), "não há conceito simples". O conceito comporta algumas características:

- "todo conceito tem componentes e se define por eles",
- "todo conceito tem um contorno irregular",
- "de Platão a Bergson, encontramos a ideia de que o conceito é questão de articulação, corte e superposição. É um todo, porque totaliza seus componentes, mas um todo fragmentário".
- Finalmente, "todo conceito remete a um problema", e os problemas exigem "soluções" pois "são decorrentes da pluralidade dos sujeitos, sua relação, de sua apresentação recíproca" (ibidem, p.27-8).

Com isso, podemos também dizer que todo conceito contém sua história e pode ser identificado com seu autor ou autores (pessoas, grupos ou tendências científicas), porque é elaborado com base em alguma referência inicial (científica ou filosófica), com seus elementos internos devidamente articulados que definem sua consistência a partir da sua própria constituição, remetendo, sempre que evocado, a outros conceitos para efeitos de comparação ou de superação. Os conceitos são superados ou modificados por causa das mudanças que ocorrem constantemente na forma de pensar da sociedade, por várias razões: desenvolvimento tecnológico, aculturações, conflitos de interesses, novos conhecimentos elaborados etc.

As ciências sociais, dentre elas a Geografia, fundamentam-se, na sua elaboração científica, principalmente em conceitos, que são produzidos pelas descrições, as quais surgem "a partir do interior da linguagem na qual o homem está mergulhado, na maneira pela qual representa para si mesmo, falando o sentido das palavras ou das proposições e, finalmente, obtendo uma representação da própria linguagem" (Martins, 1989, p.51).

No sentido kantiano segundo Martins (1989, p.50), os conceitos geométricos são ideias, isto é, "objetos de apreensão puramente racional, em oposição à percepção. A ideia para Kant é um objeto que é concebido, pela razão e que não pode ser dado através da experiência sensorial". Assim, para Kant, o conceito tem que partir sempre de uma forma material passível de experimentação.

Podemos dizer, então, que os conceitos e as ideias fazem parte da elaboração teórica do conhecimento científico em ciências sociais (por extensão, em Geografia), diferenciando-se basicamente na sua gênese e consolidação. Enquanto a ideia é uma concepção racional, que expressa um objeto concebido, construído cientificamente, o conceito, que é elaborado pela descrição de um fenômeno, expressa esse fenômeno como concepção que parte dos sentidos e que pode ser abordado empiricamente. Em outras palavras, o conceito é construído cientificamente.

Dentre os elementos necessários para a compreensão epistemológica do método, a *categoria* é, sem sinal de dúvida, a mais complexa e contraditória, do ponto de vista de seu entendimento e de sua utilização.

Japiassu & Marcondes (1990, p.45) afirmam que, atualmente, o termo categoria é "frequentemente tomado como sinônimo de noção ou de conceito" e "designa, mais adequadamente, a unidade de significação de um discurso epistemológico".

É esse o significado de categoria presente nas pesquisas de orientação hipotético-dedutiva, para as quais a categoria pode ser identificada, dependendo da preocupação do pesquisador, com seu discurso ou com qualquer elemento componente do objeto estudado ou mesmo das bases teóricas precedentes à empiricidade da abordagem.

Se atualmente é assim compreendida e utilizada a categoria numa vertente que tem grande participação histórica na produção do conhecimento geográfico, acreditamos ser necessário buscar na sua história mais argumentos para a presente discussão.

Para Aristóteles, as categorias são "as diferentes maneiras de se afirmar algo de um sujeito". Como ele se preocupa em explicar de que maneira o mundo é constituído, descobriu dez categorias: sujeito (substância ou essência), quantidade, qualidade, relação, tempo, lugar, situação, ação, paixão e possessão. Essas categorias expressam os "gêneros supremos ou primeiros do ser" (p.45).

Posteriormente, Kant refere-se às categorias não mais como se referindo ao ser, mas ao conhecer, buscando designar os conceitos do entendimento puro. Para Kant, segundo Japiassu & Marcondes (1990, p.45),

> todo juízo pode ser considerado de quatro pontos de vista: do ponto de vista da quantidade, da qualidade, da relação e da modalidade. Para cada um desses pontos de vista, são possíveis três tipos de juízos; portanto, há doze categorias do entendimento ou conceitos fundamentais *a priori* do conhecimento.

Finalmente, para Hegel, ainda segundo Japiassu & Marcondes (1990, p.45)

> as categorias representam essências ideais que exprimem os momentos correspondentes da ideia absoluta, assim como os graus de seu desenvolvimento dialético. Sendo as formas da atividade criadora da ideia, as categorias determinam a essência das coisas materiais, essência que se manifesta nelas e que se reproduz no estado puro, em decorrência do conhecimento.

O Quadro 3 resume as categorias kantianas:

Quadro 3 – As categorias segundo Kant

Quantidade	Qualidade	Relação	Modalidade
Unidade	Realidade	Substância (e acidente)	Possibilidade
Pluralidade	Negação	Causa (e efeito)	Existência
Totalidade	Limitação	Reciprocidade	Necessidade

Marx e Engels criticam essa concepção de categoria dizendo que, para Hegel, as categorias não passam de "essências autômatas, que existem independentemente das coisas e antes delas, fazendo o papel de substância dessas últimas" (apud Cheptulin, 1982, p.12). Para os dois pensadores, a razão especulativa (elemento fundamental da dialética) procura "sair desse embaraço explicando o conceito geral não por uma essência morta, desprovida de diferenças, mas por uma essência viva, que distingue, no seu interior, as coisas concretas e as faz nascer no curso de seu desenvolvimento". Para comprovar isso, eles partem do seguinte raciocínio: "ora, tanto é fácil, partindo de frutos reais, engendrar a representação abstrata do 'fruto', como é difícil, partindo da ideia abstrata de 'fruto', engendrar frutos reais" (ibidem, p.12).

Para que possamos comparar duas diferentes tendências científico-filosóficas, vejamos resumidamente as leis e as categorias da dialética.

Para Lefèbvre e Cheptulin, as leis da dialética são:

1 lei da interação universal ou da conexão (nada é isolado; cada fenômeno no conjunto de suas relações com os demais fenômenos), ou: as partes e a totalidade.

2 A transformação da quantidade em qualidade e vice-versa.

3 A unidade e interpenetração dos contrários: "a ligação, a unidade, o movimento que engendra os contraditórios, que os opõe, que faz com que se choquem, que os quebra ou os supera" (Lefèbvre, 1983, p.238).

4 A negação da negação.

5 O desenvolvimento em espiral (da superação): a noção de movimento e do desenvolvimento da matéria, que pode ser assim descrita: "toda formação material de um estágio mais elevado de desenvolvimento inclui, sob uma forma anulada (transformada), o que era próprio à formação de um estágio inferior de desenvolvimento, isto é, retém tudo o que era positivo, tudo o que foi obtido pela matéria em sua evolução anterior" (Cheptulin, 1989, p.258).

As categorias da dialética são as seguintes:

1 Matéria e consciência.

2 Singular, particular e universal.
3 Qualidade e quantidade.
4 Causa e efeito.
5 Necessário e contingente.
6 Conteúdo e forma.
7 Essência e fenômeno.
8 Espaço e tempo.

Ao discutir o método em Geografia, Santos (1985) expõe sua concepção de método diferentemente daquilo que vimos discutindo até agora. Ele afirma que as categorias do método geográfico são *estrutura, processo, função* e *forma*.

Assim, o método seria decomposto da seguinte maneira:

> *Forma* é o aspecto visível de uma coisa. Refere-se, ademais, ao arranjo ordenado de objetos, a um padrão. Tomada isoladamente, temos uma mera descrição de fenômenos ou de um de seus aspectos num dado instante do tempo. *Função* ... sugere uma tarefa ou atividade esperada de uma forma, pessoa, instituição ou coisa. *Estrutura* implica a inter-relação de todas as partes de um todo; o modo de organização ou construção. *Processo* pode ser definido como uma ação contínua, desenvolvendo-se em direção a um resultado qualquer, implicando conceitos de tempo (continuidade) e mudança. (Santos, 1985, p.50)

A exposição revela um enfoque do método como elemento disciplinar, de um lado, e construto que comporta as categorias bem evidenciadas no espaço geográfico, de outro. Essa maneira de ler e interpretar a realidade é um exemplo bem didático de uma visão estruturalista do mundo.

Para completar esta parte de nossa exposição, podemos afirmar que categorias e leis estão em constante interação, afirmação e negação, interpenetrando-se e permeando a produção científica cujo objetivo final é a interpretação da realidade.

Categorias e leis também devem seguir os princípios de identidade (unidade das contradições: "todo devir real acrescenta algo à noção abstrata do devir, mas implica essa"), de causalidade (só pode ser qualitativa: "a causa de um fenômeno qualquer só pode ser o devir do mundo em sua totalidade") e de finalidade ("tudo o que existe tem um limite, no espaço e no tempo; e esse limite é seu 'fim', o ponto e o instante em que cessa esse ser determinado", ou o momento da transição, "sua transformação em outra coisa") (Lefèbvre, 1983, p.190-210).

Neste ponto, podemos concluir que o método, seja ele hipotético-dedutivo, fenomenológico ou dialético, contém suas leis, sua base ideológica, suas categorias para a elaboração dos vários conceitos e teorias que nos permitirão realizar nossa leitura científica do mundo.

Leitura e interpretação de textos

Neste capítulo, vamos ainda nos ater às necessidades básicas consideráveis para a leitura e a interpretação de um texto. Como o tema que estamos desenvolvendo é fundamentalmente teórico e abstrato, precisamos de alguns cuidados para continuar nossa reflexão.

Em primeiro lugar, temos que considerar que qualquer reflexão epistemológica exige uma atitude filosófica perante o que está escrito. Essa atitude tem que ser radical, crítica e totalizante.

Radical

Para Japiassu & Marcondes (1990, p.209), o termo é proveniente do latim tardio *radicalis*, e "diz respeito à raiz das coisas, à sua natureza mais profunda, sem admitir restrição ou limite".

Com o mesmo entendimento, Oliveira (1990, p.20) diz que "o conhecimento que não é radical, isto é, que não vai à raiz, à origem, é um conhecimento ingênuo ou, ainda, é a manifestação de uma consciência ingênua".

O conhecimento dessa natureza, para Oliveira (1990, p.20-1)

> é superficial, em que a polêmica não inclui esclarecimento nem possibilidades de negação. É um conhecimento polêmico por postura de exclusões, e não por autenticidade dialética ... A postura radical busca esclarecer, clarificar e não exclui, nessa procura, a atenção para a indagação dos contrários. Ser radical é proceder como a raiz de uma árvore

que penetra o solo com uma haste principal e robusta para se fixar à terra, mas não abandona as suas ramificações, pois estas são parte e complemento daquela.

Crítica

A leitura e a interpretação do conhecimento geográfico também devem ser realizadas de modo crítico. Vamos verificar o porquê. Tomemos a palavra "crítica". Para Japiassu & Marcondes (1990), a palavra vem do grego *kritiké*, que significa "arte de julgar".

Na Filosofia, "a crítica possui o sentido de análise. Assim, a filosofia crítica designa o pensamento de Kant e de seus sucessores" (ibidem). Mais amplamente, crítica significa "atitude de espírito que não admite nenhuma afirmação sem reconhecer sua legitimidade racional. Difere do espírito crítico, ou seja, dessa atitude de espírito negativa que procura denegrir sistematicamente as opiniões ou as ações das outras pessoas" (ibidem).

Outro sentido pode ser o de "juízo apreciativo, seja do ponto de vista estético (obra de arte), seja do ponto de vista lógico (raciocínio), seja do ponto de vista intelectual (filosófico ou científico), seja do ponto de vista de uma concepção, de uma teoria, de uma experiência ou de uma conduta" (ibidem, p.20).

A palavra crítica é associada sempre a juízo, exame, discernimento, critério, e principalmente à ideia de "cuidado com a abordagem": "Esta ideia de analisar atenta e minuciosamente o objeto nos dá ideia de crítica como uma característica da reflexão" mas, antes de mais nada, como uma postura do cientista. "Criticar, então, é ter cuidado de saber estabelecer critérios", e ter critérios "é possuir uma norma para 'decidir o que é verdadeiro ou falso, o que se deve fazer ou não fazer etc." (Oliveira, 1990, p.18-19).

Exercer o pensamento crítico é ir além do senso comum, é buscar informações, comparar dados, contextualizar ideias, colocando tudo o que se apresenta para se estabelecer critérios para análise, em uma situação de tensão interna ou de crise. A tensão entre os componentes poderá ajudar no discernimento a partir de uma atitude crítica, porque vai além do senso comum; e é isso que diferencia aquele que reflete, que estuda, do cidadão que não se preocupa em exercer a epistemologia de um conhecimento científico ou filosófico.

Totalizante

A contextualização do pensamento crítico e radical aponta para uma última característica: a de totalidade. O que chamamos de contexto pode ser compreendido naquilo que é conhecido como realidade, ressalvados os recortes que se quer estabelecer para a melhor apreensão racional dessa realidade.

Enfim, a leitura do pensamento geográfico deve ser feita mediante uma reflexão "radical (buscar a origem do problema), crítica (colocar o objeto do conhecimento em um ponto de crise), e total (inserir o objeto da nossa reflexão no contexto do qual é conteúdo)" (Oliveira, 1990, p.22). Essas características, próprias da reflexão filosófica, aplicam-se à discussão do pensamento geográfico porque o nível de abordagem de ambos os conhecimentos (filosófico e geográfico), cujo fundamento comum é a razão, trata-se do nível epistemológico.

Em segundo lugar, é preciso, ao contextualizar aquilo que estamos utilizando como fonte bibliográfica, evitar algumas atitudes, como aconselham, a seguir, Vergez & Huisman (1984, p.17-21):

Evitar a mera paráfrase: quando se está trabalhando com as ideias de um autor qualquer não se deve utilizar o recurso de, por apenas repetir algum trecho do autor em pauta, achar que está aprimorando a explicação que pretende realizar. É bom sempre ter em mente que, quando trabalhamos com aquelas pessoas que fundamentaram muito bem a ciência, estamos nos apropriando de suas ideias e, muitas vezes, elaborando raciocínios que outros (eles mesmos, por exemplo) já fizeram anteriormente de maneira mais complexa e correta. Não devemos repetir as ideias utilizando outras palavras.

Para melhor esclarecer esse erro, que deve ser evitado, vamos a um exemplo bem simples: não se deve, depois de ler e estudar uma teoria, por exemplo, reescrever o texto trabalhado com outras palavras. É muito comum se verificar em textos, principalmente aqueles de mestrado e doutorado, a simples repetição de frases ou de longos trechos de textos citados sem conexão com o tema principal, como se a argumentação do autor citado fosse uma confirmação de uma pequena descrição de respostas buscadas a partir apenas da observação daquele que elabora sua tese ou dissertação.

Não se ater na admiração declamatória: é um erro tentar explicar o que um autor disse apenas pela entonação da voz, pela manifestação de qualquer rasgo de admiração ou pela simples "declamação" enfática do que está sendo exposto. Frases como "Ah, ninguém escreve como ele"; "seu pensamento é profundo e complexo, cuja compreensão ultrapassa nossa capacidade de terceiro mundo", "segundo as sábias palavras do doutor..." etc. Admirar um autor ou um texto é uma coisa; repetir, exagerando nos adjetivos ou se colocando a jusante deles, é uma atitude infantil e inadequada para um trabalho científico.

Da mesma forma, não se deve enfatizar aspectos negativos que levem à difamação do autor ou de textos estudados, sem a preocupação em analisar e debater no nível científico ou filosófico.

Evitar a divisão maníaca de um texto em partes: esse recurso só é possível se estão implícitas, no desenrolar do estudo, algumas etapas nas quais o autor se baseia para desenvolver seu raciocínio. A divisão do texto em partes pode se tornar uma simples atitude classificatória que poderá desqualificar e minimizar aspectos importantes do texto. Além disso, a sua subdivisão pode não estar consoante com o desenvolvimento do raciocínio de acordo com o método utilizado pelo autor. Essa atitude pode demonstrar um nivelamento por baixo de autores importantes, trazendo-os para o patamar do conhecimento técnico e não do científico.

Não expor um curso completo sobre o autor: quando se está discutindo um texto e surge a necessidade de contextualizá-lo considerando-se a vida do autor, essa contextualização deve considerar o escopo de sua necessidade. Discorrer sobre a vida de um autor apenas por se conhecer sua biografia torna-se mero diletantismo, se no momento da discussão os detalhes de sua vida não interessam nem um pouco para o esclarecimento das ideias.

Vergez & Huisman (1984) também sugerem alguns cuidados para uma boa explicação de um texto.

Para eles, deve-se, sempre:

1 Situar o texto no contexto: "é evidente que, no caso, convém conhecer, se possível, o conjunto da obra de onde o texto foi tirado. Deve-se resumir de maneira clara e breve a passagem que precede imediatamente o texto em questão. Pode-se, a rigor, indicar o significado da obra de onde o texto foi retirado. Mas não é preciso, em geral, ir mais além!" (ibidem, p.18). Se se tem que discutir algum texto de Humboldt ou de Ritter, por exemplo, é preciso contextualizá-lo corretamente, considerando-se quando e onde foi produzido.

2. Explicar um texto é, antes de tudo, ressaltar as palavras-chave: as leituras dos textos variam conforme o grau de conhecimento das pessoas. Muitas vezes, ao se trabalhar um texto em dois momentos distintos, no segundo momento sempre se vê alguma coisa a mais em relação ao primeiro. Não é demérito algum admitir-se que, a cada leitura de um texto, está-se aprendendo cada vez mais. Com isso, deve-se ter sempre a preocupação de se pautar pelas palavras-chave, para que as diferentes leituras, em vez de denotarem um crescimento daquele que estuda, não levem o leitor a confundir as ideias estruturais do autor.

3. Os grandes assuntos da Geografia devem ser conhecidos pelo estudante: para aprofundar-se em qualquer estudo sobre o pensamento geográfico, aquele que estuda deve saber, pelo menos, quem foram alguns geógrafos que contribuíram para a produção científica; devem também ter a mínima noção de alguns temas (por exemplo: clima urbano, industrialização brasileira, estrutura fundiária no Nordeste, geopolítica do mundo atual etc.) e/ou de conteúdos de algumas disciplinas que foram desdobradas da Geografia (Geografia Econômica, Geografia Humana, Geografia Regional, Geomorfologia etc.).

O conhecimento mínimo de uma terminologia específica, de um temário já presente nos livros e nas salas de aula, de autores cujas contribuições não se pode negligenciar, é condição básica para se iniciar no estudo do pensamento geográfico.

Podemos dizer também que aprendemos o conhecimento geográfico através da sua história, da leitura detalhada dos conceitos que sustentam toda a produção científica e a reflexão epistemológica dessa produção, da interpretação das obras dos grandes nomes que produziram esse conhecimento, das categorias que estruturam o pensamento geográfico; enfim, de todos os elementos (historicidade e ciência) que concorrem para a abrangência, do universo que contém o saber geográfico.

Atividades didáticas

Outra preocupação que se deverá ter numa proposta de metodologia do ensino do pensamento geográfico refere-se às atividades didáticas em sala de aula. Mesmo que este texto não se proponha a discutir as diferentes correntes educacionais ou ir a fundo nas relações ensino-aprendizagem, devemos lembrar algumas possibilidades de trabalho na relação direta professor-aluno, fazendo que especialmente o aluno se torne um elemento ativo no seu próprio processo de aprendizagem.

Tal preocupação justifica-se porque consideramos, como Andrade (1987, p.9) que o conhecimento geográfico está "profundamente comprometido com as estruturas sociais que servem de infraestrutura às formações culturais", porque são dinâmicas e "estão comprometidas com as formas de ação e de pensamento oriundas das estruturas" sociais.

Além do mais, podemos considerar que a "disciplina geografia está no jogo dialético entre a realidade da sala de aula e da escola, entre as transformações históricas da produção geográfica na academia e as várias ações governamentais representadas hoje pelos guias, propostas curriculares, parâmetros curriculares nacionais de geografia..." (Pontuschka, 1999, p.111).

Uma das atividades que exigem muita atenção é o acompanhamento do que estaremos discutindo mais adiante, quando vamos confrontar elementos essenciais para a compreensão do pensamento geográfico, como conceitos, temas e teorias.

Para tanto, uma das estratégias mais adequadas ao nível de conhecimento pressuposto (universitário) é a leitura de textos que contenham as informações necessárias para embasar as abordagens que se pretende realizar. Trabalhando com textos, alguns cuidados são fundamentais.

Inicialmente, precisa ficar bem clara a referência do texto, que pode ser verificada por sua ficha bibliográfica: autor, título, cidade, editora e localidade. Mesmo que estejamos falando de atividades pedagógicas em nível universitário, a repetição de certas atividades não será exagero se partirmos do pressuposto de que, no Brasil, o domínio de certos níveis de conhecimento deixa muito a desejar. É por essa razão que propomos, como parte dos encaminhamentos metodológicos, esses cuidados que podem parecer, à primeira vista, muito simples para a proposta.

Uma vez identificado o texto, deve-se partir para a sua "decomposição", que poderá ser realizada com a busca de suas "componentes". Inicialmente, será preciso realizar a identificação de algumas palavras-chave que poderão ser identificadas como categorias e conceitos, com os devidos cuidados para a *distinção entre esses dois elementos* fundamentais para a teoria do conhecimento.

A partir dessa atividade, podemos dizer que estará montada a situação de aprendizagem que leve em consideração as condições internas do grupo e dos seus componentes.

Em seguida, uma vez realizada a primeira atividade, o passo seguinte será a organização da turma em pequenos grupos que relacionarão suas ideias e as confrontarão com os outros grupos oralmente. Nessa atividade poderão comparecer, além das informações contidas nos textos estudados, outras informações que os alunos já possuem decorrentes de experiências anteriores com outras disciplinas ou áreas do conhecimento.

Cumpridas essas atividades, o momento seguinte deverá ser aquele voltado para o exercício acadêmico da produção de pequenos textos ou *papers* que contenham tudo o que foi arrolado anteriormente: a identificação do texto estudado, as palavras-chave com a devida distinção de sua natureza específica e as principais ideias organizadas pelo indivíduo ou pelo grupo.

O objetivo deste último momento da atividade é de se estabelecer o hábito, necessário no nível universitário e, principalmente, para uma atividade ligada à epistemologia da Geografia, de se registrar, por escrito, o que se discute, pensa e conclui.

Com essas atividades, acreditamos que algumas atitudes básicas no processo de reflexão estarão contempladas, pois considerando-se o nível apontado (o desenvolvimento de algumas capacidades, como percepção, raciocínio, compreensão, reflexão, inferência e síntese), ele poderá ser estimulado, uma vez que esse processo não pode se basear na premissa da "transmissão do conhecimento", mas ser compreendido como interno ao próprio aluno e como resultado de interação entre elementos (professor e aluno) de diferentes formações, posições e condições sociais.

Consideramos, neste ponto, que uma capacidade básica para a investigação geográfica, que é a observação, só caberá no ensino do pensamento geográfico se se estabelecer alguma atividade empírica de verificação das possíveis atitudes de algum geógrafo quando de seu trabalho em campo. Nesse caso, precisa ficar claro que a situação será hipotética.

Assim, podemos resumir a estratégia proposta nos seguintes termos: 1) identificação do texto; 2) decomposição do texto, com a identificação de palavras-chave; 3) confrontação de ideias coletivamente; 4) resposta a algumas perguntas norteadoras do conteúdo; 5) produção de *papers* ou pequenos textos que contenham as informações citadas nos itens anteriores.

Outros elementos ainda vão ser abordados. O que veremos no capítulo seguinte deverá auxiliar a metodologia proposta, pois se trata da discussão de alguns aspectos da teoria do conhecimento que consideramos fundamentais.

2
TEORIA DO CONHECIMENTO E REALIDADE OBJETIVA

O ato de conhecer e os diferentes níveis do conhecimento

Neste capítulo vamos nos ocupar da discussão de alguns aspectos fundamentais para a produção do conhecimento científico. Inicialmente, abordaremos o ato de conhecer e os diferentes níveis do conhecimento. Em seguida, vamos apresentar alguns aspectos da linguagem. Depois de enfatizar as perguntas *por quê?, como?* e *para quê?*, exporemos algumas atividades ou procedimentos básicos para a investigação científica, apontando para uma mudança paradigmática como subsequente à crise do pensamento geográfico já identificada por vários autores.

Vamos iniciar discutindo, como o fez Szamósi (1986), a capacidade de raciocínio do ser humano. Para esse autor "todos os seres vivos do nosso planeta experimentam mudanças ambientais, segundo padrões periódicos, cíclicos. Esses padrões são criados pela mecânica interna do sistema solar" (p.18). "A força do cérebro... está em sua habilidade de desenvolver modelos abstratos do ambiente externo" (p.30). "O cérebro não modela diretamente as características do ambiente. Ao contrário, os modelos são em forma de códigos abstratos... a informação é obviamente arquivada no sistema nervoso, e existe alguma forma de conhecimento interno ao meio ambiente. É esse 'conhecimento' que nós livremente chamamos de 'modelo'" (p.31).

Cada ser humano tem uma maneira particular de processar as informações às quais tem acesso. "Esse método é baseado no fato de que o manejo de um fluxo contínuo de informações pode ser simplificado, separando-se as informações em peças menores, mais manejáveis, e organizando-as em um sistema coerente" (ibidem, p.42).

Para os empiristas, "tudo que sabemos é aprendido através de nossas experiências individuais" porque "grande parte da ordem que observamos no mundo exterior é, na verdade, produto de nossa própria mente" (ibidem, p.44-5).

Os seres humanos "não apenas percebem objetos no espaço e no tempo, mas também criam símbolos para 'objetos', para 'espaço' e para 'tempo'" (ibidem, p.46).

Gaarder (1995, p.87) afirma que

> a humanidade é confrontada com um certo número de questões que não oferecem nenhuma resposta satisfatória. Nós temos então uma escolha: ou enganar a si mesmo como o resto do mundo que negligencia o que deve ser conhecido, ou se fechar aos grandes problemas e abandonar definitivamente toda esperança de progredir.

Buscando pelo menos fazer um exercício intelectual para uma reflexão sobre o conhecimento, comecemos pelas formas como ele aparece.

Para Garcia (1988),

> conhecer significa, fundamentalmente, descrever um fenômeno, seja em suas particularidades estruturais, seja em seus aspectos funcionais; prever a probabilidade de ocorrência futura de um evento (ou relatar um outro evento passado); e, por fim, manipular e utilizar, adequadamente, um objeto qualquer, além de reproduzi-lo, alterando até, as suas características básicas.

Para esse autor, a síntese do saber resume-se em "descrever ou manejar" (ibidem, p.67).

Os níveis de conhecimento são: o senso comum, a Filosofia, a ciência e a religião. Neste texto, vamos tentar trabalhar apenas com os níveis filosófico e científico. A teoria do conhecimento trabalha, antes de tudo, com a razão. As lógicas podem variar, mas a razão vai além do senso comum e da religião. Ela está no plano da ciência e da Filosofia.

O nível *filosófico* é altamente abstrato. Pode-se referir tanto a fenômenos observáveis, da realidade, como também de ideias, conceitos, teorias etc., produzidos racionalmente.

Mesmo assim, "a reflexão, que caracteriza o método filosófico e que o diferencia significativamente do senso comum, só é possível através da atividade observacional" e pode e deve "integrar os dados das várias especialidades científicas e, simultaneamente, propor novos campos e novas áreas de investigação", sendo ao mesmo tempo "holística e heurística" (Garcia, 1988, p.70-2). É característica desse tipo de conhecimento a especulação indutiva, por exemplo.

O nível *científico* baseia-se na descrição minuciosa, na localização de fenômenos dentro de categorias específicas, conceitos e classes características, considerando-se o conhecimento já produzido anteriormente e as bases teóricas que orientam e direcionam as novas investigações.

A ciência não pode estabelecer verdades absolutas nem se propor a ser definitiva, mesmo que, dependendo da base doutrinária do conhecimento produzido, a condução da produção do conhecimento possa variar: para as correntes positivistas e neopositivistas, o conhecimento se faz a partir do rigor da linguagem e do distanciamento entre sujeito e objeto; para as correntes ligadas ao materialismo histórico, o movimento da matéria está subjacente à compreensão dos fenômenos que, por sua vez, manifestam-se por meio de suas contradições internas; para as correntes fenomenológicas, a historicidade perde importância, emergindo muito mais a relação sujeito-objeto, com a supremacia do sujeito, em uma relação holística de abordagem.

Bourdieu (1996, p.15) auxilia nossa análise da teoria do conhecimento ao afirmar que

> não podemos capturar a lógica mais profunda do mundo social a não ser submergindo na particularidade de uma realidade empírica, historicamente situada e datada, para construí-la, porém, como "caso particular do possível"... isto é, como figura em um universo de configurações possíveis.

A produção do conhecimento é mediada pela linguagem e todos os elementos que a constituem.

A linguagem

A análise do conhecimento deve também considerar alguns aspectos da linguagem.

Para Szamósi (1986, p.47), a linguagem "permite que o cérebro humano não apenas perceba objetos e acontecimentos no espaço e no tempo, mas também os represente como conceitos, pense a respeito deles e comunique esses pensamentos". A linguagem também é importante para a elaboração de respostas reflexas da informação percebida. "Tal como o tempo e o espaço, o pensamento conceptual também se interpõe entre o estímulo e as respostas, criando uma variedade ainda maior de respostas".

Segundo esse autor, a linguagem permitiu ao ser humano a percepção (e a imaginação), como capacidade de se criar modelos do mundo e para ele dar sentido. Utilizada para a comunicação, a linguagem tornou-se "em grande parte, o mais importante fator para o desenvolvimento posterior da habilidade da linguagem" (ibidem, p.49), fazendo que se acumulem as informações durante muito tempo, codificadas na linguagem e em infinitas estruturas simbólicas (ibidem, p.51). Assim, "o que percebemos são sempre padrões, seja no espaço ou no tempo, ou em ambos. A linguagem transcende o espaço e o tempo biológicos e oferece novos padrões: padrões de significado" (ibidem, p.52).

Adam Schaff (1991, p.90), ao discutir o papel ativo do sujeito no processo de construção do conhecimento, afirma que "a sua influência neste processo e nas suas produções por intermédio dos fatores que determinam o psiquismo e as atitudes do sujeito", depende de três fatores, que são: 1) a estrutura do aparelho perceptivo do sujeito; 2) a língua com a qual este pensa e se comunica; 3) os interesses de classe ou de grupo.

O conhecimento é, assim, por definição, condicionado socialmente. Desenvolvendo essa afirmação, concordamos com Bourdieu (1996, p.15), quando ele afirma que seu "conhecimento científico se inspira na convicção de que não podemos capturar a lógica mais profunda do mundo social a não ser submergindo na particularidade de uma realidade empírica, historicamente situada e datada".

Na contraditória constituição do conhecimento, a linguagem ocupa importante papel, e, como um dos elementos que diferenciam os seres humanos dos demais seres viventes, a linguagem é simbólica, complexa e compósita.

É *simbólica* porque (recorre) representa os significados das coisas através de sons e de signos que variam entre os diferentes idiomas, mas que se referem às coisas de acordo com a própria formação cultural das pessoas.

É *complexa*[1] porque, ao referir-se às coisas, pode exprimir características minuciosas ou conjuntos de coisas e de fenômenos; assim, uma palavra pode ter vários significados (por exemplo: conta, espaço...) e várias palavras podem apontar para significados semelhantes (por exemplo: ser humano, gente, homem, animal racional...).

É *compósita*[2] porque se "constrói sobre um conjunto de unidades mais simples e, a partir de um número finito dessas unidades, ela se desdobra e se multiplica até o infinito segundo um conjunto de regras sintáticas claramente definidas e que variam ... de uma comunidade linguística para outra" (Garcia, 1988, p.53).

---

1 Do latim *complexus*, que significa aquilo que contém elementos combinados que podem não comparecer, num primeiro momento, de maneira explicitamente clara para aquele que pensa. A abordagem aprofundada, de caráter científico, irá desvelando as características dos elementos e suas diferentes combinações.

2 Significa, etimologicamente, composto ou mesclado; que contém vários elementos de diferentes origens e naturezas compondo uma totalidade enfocada.

Procurando demonstrar a complexidade da linguagem pela descrição da importância da palavra relacionando-a à importância do sujeito, Rubem Alves (1983, p.54) afirma que "são as palavras que carregam consigo as proibições, as exigências e expectativas. E é por isto que o homem não é um organismo, mas este complexo linguístico a que se dá o nome de personalidade".

Em relação à linguagem, ainda precisamos confrontar outros elementos. Para a teoria do conhecimento, a palavra é um elemento que não existe sozinho. Ela está nas e identifica as coisas, como significante contém significados, e é decodificada por todos segundo sua própria condição e situação em momentos de interlocução, oral ou graficamente.

Atualmente, vivem-se experiências "de linguagens que vão além das fronteiras verbais", representadas por um campo de conhecimento que ultrapassa aquilo que "consagrou tradicionalmente" o conhecimento geográfico, que foi "o uso do verbo e da gráfica" (Fonseca & Oliva, 1999, p.63-4).

Estamos nos referindo ao desenvolvimento tecnológico que provocou o surgimento da linguagem informática que, uma vez incorporada ao universo do geógrafo, é elemento necessário para sua compreensão. Não se deve, em nossa opinião, sublimar a técnica nem torná-la a "subjetivação da essência humana" como afirmam Fonseca & Oliva (ibidem, p.65), mas utilizá-la como outra possibilidade de intermediação para o "olhar geográfico" da realidade.

A tecnologia comparece, portanto, como a realização de um estágio de desenvolvimento das possibilidades de leitura da realidade que potencializam os sentidos humanos e dão significados diferentes à representação gráfica, auxiliando na elaboração de imagens cartográficas que, por sua vez, são resultado da intermediação sensória, que deve ser incorporado à teoria do conhecimento. Baseando-se em Bonin, Fonseca & Oliva (1999, p.68) afirmam que "as representações gráficas são sistemas de signos que possibilitam construções comunicativas de relações de diversidade, de ordem ou de proporcionalidade existentes entre os dados quantitativos ou qualitativos". É preciso "beneficiar-se das técnicas, mas não submeter-se a elas" para não se correr o risco de se aprofundar na falsa racionalidade, como previne Edgar Morin (2000, p.43).

Por fim, o enfoque da linguagem não pode prescindir, atualmente, de uma visita, mesmo que rápida, ao desenvolvimento tecnológico como possível catalisador e potencializador dos sentidos como intermediação na apreensão abstrata e leitura da realidade.

Neste ponto, vamos inverter nosso raciocínio. A partir da leitura de Morin (2000, p.19), vamos lembrar algumas considerações sobre problemas do conhecimento. Para Morin, "todo conhecimento comporta o risco do erro e da ilusão" que "parasitam a mente humana" e, por isso mesmo, "a educação deve mostrar que não há conhecimento que não esteja, em algum grau, ameaçado pelo erro e pela ilusão".

Dessa maneira, o conhecimento "não é um espelho das coisas ou do mundo externo. Todas as percepções são, ao mesmo tempo, traduções e reconstruções cerebrais com base em estímulos ou sinais captados e codificados pelos sentidos ... Sob a forma de palavra, de ideia, de teoria, é o fruto de uma tradução/reconstrução por meio da linguagem e do pensamento e, por conseguinte, está sujeito a erro", que pode ser introduzido pela interpretação. Além do mais, é preciso considerar também que há "estreita relação entre inteligência e afetividade" (ibidem, p.20).

Morin divide os possíveis erros em três tipos: 1) *mentais*: para ele, "cada mente é dotada também de potencial de mentira para si próprio (*self-deception*), que é fonte permanente de erros e de ilusões" e que "a própria memória [fonte insubstituível de verdade] é também fonte de erros inúmeros"; 2) *intelectuais*: esses erros se explicariam porque "está na lógica organizadora de qualquer sistema de ideias resistir à informação que não lhe convém ou que não pode assimilar"; e 3) *da razão*: isso pode ser resumido na afirmação de que a racionalidade é corretiva, pois deve "permanecer aberta ao que a contesta para evitar que se feche em doutrina e se converta em racionalização... fechada". Para ele, a "verdadeira racionalidade... opera o ir e vir incessante entre a instância lógica e a instância empírica... conhece os limites da lógica, do determinismo e do mecanicismo, sabe que a mente humana não poderia ser onisciente, que a realidade comporta mistério". Por essa razão, "reconhece-se a verdadeira racionalidade pela capacidade de identificar suas insuficiências ... os próprios mitos...". Assim, a "verdadeira racionalidade não é apenas teórica, apenas crítica, mas também autocrítica" (ibidem, p.21-4).

Continuando com nossa interlocução com Morin, vejamos o que ele diz das "cegueiras paradigmáticas". Inicialmente, ao definir paradigma, Morin afirma que "o nível paradigmático é o do princípio de seleção das ideias que estão integradas no discurso ou na teoria, ou postas de lado e rejeitadas". Sabendo-se que o paradigma define as "operações lógicas-mestras", ele afirma que este "está oculto sob a lógica e seleciona as operações lógicas que se tornam ao mesmo tempo preponderantes, pertinentes e evidentes sob seu domínio". Assim, "o paradigma efetua a seleção e a determinação da conceptualização e das operações lógicas. Designa as categorias fundamentais da inteligibilidade e opera o controle de seu emprego". É por essa razão que "os indivíduos conhecem, pensam e agem segundo paradigmas inscritos culturalmente neles" (ibidem, p.25).

Os paradigmas contêm suas componentes ideológicas e doutrinárias e são, por sua força filosófica em designar os parâmetros para a produção científica e filosófica e para a reflexão epistemológica do conhecimento elaborado, condicionantes e entraves para a liberdade de pensamento. Para Morin, "as doutrinas e ideologias dominantes dispõem, igualmente, da força imperativa que traz a evidência aos convencidos e da força coercitiva que suscita o medo inibidor nos outros" porque determinam "os estereótipos cognitivos, as ideias recebidas sem exame, as crenças estúpidas não contestadas, os absurdos triunfantes, a rejeição de evidências em nome da evidência, e faz reinar em toda parte os conformismos cognitivos e intelectuais" (ibidem, p.27).

A produção intelectual tem que ser encarada em sua dimensão concreta por ser forte e marcar a si mesma e às suas possibilidades de reprodução e crítica. Assim, para Morin, ainda, "as crenças e as ideias não são somente produtos da mente, são também seres mentais que têm vida e poder. Dessa maneira, podem possuir-nos" (ibidem, p.28).

É por essas razões que

> é muito difícil, para nós, distinguir o momento de separação e de oposição entre o que é oriundo da mesma fonte: a *idealidade*, modo de existência necessário à Ideia para traduzir o real, e o *idealismo*, possessão do real pela ideia. A racionalidade, dispositivo de diálogo entre a ideia com o real, e a racionalização que impede este mesmo diálogo. Da mesma forma, existe grande dificuldade em reconhecer o mito oculto sob a etiqueta da ciência ou da razão. (ibidem)

Daí decorre a assertiva contraditória expressa por Morin: "devemos manter uma luta crucial contra as ideias, mas somente podemos fazê-lo com a ajuda de ideias" (ibidem, p.30).

A partir da teoria do reflexo, Schaff (1991), procurando estabelecer algumas referências para a compreensão da relação cognitiva sujeito e objeto, baseado na filosofia marxista, afirma que há três elementos que devem ser considerados.

O primeiro deles é constituído pela tese de Marx "sobre o indivíduo humano como 'conjunto de relações sociais'"; o segundo elemento é "a concepção marxista como uma atividade prática ... sensível, concreta"; finalmente, o terceiro é "a concepção do conhecimento verdadeiro como um processo infinito, visando a verdade absoluta através da acumulação das verdades relativas" (Morin, 2000, p.87).

Três perguntas

As constatações feitas anteriormente servem para uma discussão fundamental para a teoria do conhecimento: ao estocar perguntas, os pensadores foram passando, ao longo do tempo, por questões que orientaram as reflexões filosóficas. Essas perguntas foram:

- *Por quê?* – até o Renascimento, essa era a pergunta que movia todas as preocupações daqueles que procuraram estabelecer modelos para a interpretação do mundo. Por que o mundo existia, se Deus existia, se o homem tinha alma etc., eram dúvidas que por mais de mil anos suscitaram a curiosidade e a angústia dos pensadores, desde a tradição grega, que propunha os deuses à imagem e semelhança dos homens, até a tradição cristã, que dogmatizou a forma dos homens à imagem e semelhança de Deus.

- *Como?* – essa pergunta modificou radicalmente o desenvolvimento da ciência a partir do Renascimento. Como não se conseguia responder por que o mundo existia, a inversão da pergunta para "como?" liberou o pensamento para a experimentação e para a interpretação do mundo segundo outros dogmas que não aqueles cristalizados pela religião (com a Reforma, ela própria teve seus dogmas questionados).
- *Para quê?* – essa pergunta, cujas bases são recentes e demonstram uma nova angústia civilizatória na virada do século XX para o século XXI, surge a partir da procura, depois de se estocar tantos conhecimentos, chegando-se a um nível tecnológico nunca visto, de um sentido mais livre e igualitário.

As perguntas aqui destacadas provocam a reflexão sobre a pertinência e a necessidade de se repensar sempre o que se elabora cientificamente. É Edgar Morin (2000, p.35) quem nos lembra que

> para articular e organizar os conhecimentos e assim reconhecer e conhecer os problemas do mundo, é necessária reforma do pensamento. Entretanto, esta reforma é paradigmática, e não programática: é a questão fundamental da educação, já que se refere à nossa aptidão para organizar o conhecimento.

Neste texto estamos enfatizando a crise paradigmática que perpassa, atualmente, a ciência "ocidental". Essa crise, encarada com coragem, exige reflexão e auto-reflexão de todos aqueles que pretendem fazer a epistemologia do pensamento geográfico. Não basta, assim, apenas mudar conteúdos ou inverter fatos. É preciso reorganizar as formas de abordar o ensino, a pesquisa e a utilidade social das pesquisas.

Alves (1983), por exemplo, afirma que muito mais importante que o método científico adotado para a investigação é o alcance social dos possíveis resultados da investigação. Não acreditamos ser necessário estabelecer parâmetros tão rígidos assim, exigindo-se a opção entre a metodologia e a ideologia. Elas estão presentes em todo trabalho científico. Mas é importante, como afirma o autor, que fique clara a posição do pesquisador em relação aos resultados alcançados com a elaboração do conhecimento científico.

Procedimentos para a investigação científica

Vamos abrir um parêntese, nesta altura do texto, para verificar como poderíamos, de forma pedagógica, expor algumas atitudes ou procedimentos básicos para a investigação científica.

Já verificamos, no capítulo anterior, a importância do método e alguns cuidados necessários para que se faça qualquer investigação científica. Para dar um trilho à nossa preocupação, vamos lembrar que é preciso considerar algumas atividades básicas (ou momentos das tarefas de pesquisa) que Libault (1994) chamou de níveis da pesquisa geográfica. Utilizando-nos da terminologia desse autor vamos adotar a sua sequência e propor descrições mais adequadas, em termos metodológicos, das atividades propostas.

A primeira atividade é a *compilatória*. Ela se refere ao trabalho de coleta e de compilação dos dados cujo arranjo inicial requer do pesquisador uma decisão que leve em consideração a questão ou problema que precisa ser respondido. Em seguida, faz-se a identificação das fontes e das técnicas para se estabelecer os universos da pesquisa (levantamento bibliográfico, questionários, roteiros de entrevistas etc.); por fim, a decisão de se saber a indicação correta de onde procurar e como registrar os dados, que podem ser aqueles necessários ou fundamentais para o trabalho que serão, posteriormente, organizados segundo referências hierárquicas.

À segunda atividade chamamos *correlatória*. A partir do momento que consideramos que o levantamento dos dados foi realizado, é preciso estabelecer parâmetros para a homogeneização desses dados e para a comparabilidade das unidades adequadas. Nesse momento, as unidades comparáveis e correlacionáveis podem ser traduzidas pelo sistema métrico, pelo sistema decimal, por unidades de tempo, ou por qualquer outra referência que permita aos dados serem comparados entre si e entre grupos de diferentes naturezas.

Em seguida, a atividade que será realizada é aquela a que chamamos *semântica*. A ela corresponde o trabalho de combinar, sinteticamente, todas as variáveis (segundo o método hipotético-dedutivo), os elementos (segundo o método dialético) ou os fenômenos (pela fenomenologia) que foram compilados e relacionados, para se fazer a seleção e a operacionalização sistemática dos agrupamentos e de suas particularidades. A lógica concernente ao método dirigirá, indutiva ou dedutivamente, a maneira de se abordar os dados que, nesse momento, já estarão se qualificando como informação geográfica por sua coerência interna e peculiaridade na apropriação abstrata da realidade. É nesse nível da investigação que a informação geográfica comparece como um elemento modificado e abstrato como elemento básico para a produção do conhecimento, como abordagem racional do problema abordado.

A última atividade que se pode propor é aquela a que chamamos *normativa*. Nesse momento, faz-se o refinamento da informação geográfica com todas as suas componentes. A base teórica, o encaminhamento metodológico e a elaboração de raciocínios para a análise tornam-se necessariamente mais claros. Realiza-se a redação, que exige, em relação à teoria do conhecimento, a linguagem adequada para a comunicação do conhecimento.

Todas as atividades expostas (*compilatória, correlatória, semântica* e *normativa*) fazem parte da totalidade da investigação e cada uma delas contém a outra em sua realização, mesmo que as tenhamos colocado na ordem apresentada. Cada uma delas apresenta-se mais intensamente num ou noutro momento da pesquisa, mas todas fazem parte de uma totalidade que só pode ser apreendida por parte do pesquisador no nível da abstração.

Um outro problema do conhecimento que pode ser identificado na linguagem que transmite as ideias científicas e que deve ser lembrado é a antinomia existente entre o cientista, que produz o conhecimento, e a pessoa que "consome" ou que se utiliza do conhecimento produzido para suas atividades científicas. Como dois momentos contraditórios de um mesmo processo (de produção do conhecimento), não há como resolver a antinomia porque ela faz parte da relação entre duas pessoas diferentes. Se formos detalhar um pouco mais essa questão, veremos que até o distanciamento temporal entre conhecimentos produzidos por uma mesma pessoa poderá comparecer, também, como antinomia.

No centro de toda a discussão está o conhecimento geográfico. Mas não podemos nos esquecer de que ele é produzido por pessoas e só se constitui em conhecimento porque é característico do ser humano, e é pelo ser humano que ele pode ser interpretado.

Os dois aspectos do conhecimento aqui citados (a antinomia entre produção e absorção e o conhecimento como característica humana) são elementos paradigmáticos que também devem ser encarados na crise que ora pode ser identificada na ciência e na Filosofia e que exige mudanças.

Mudança paradigmática

Fechado o parêntese proposto, voltamos a discutir o que Morin (2000) propôs como mudança paradigmática e não programática. Para ele, mudar o programa é pouco. É preciso mudar os paradigmas presentes e cristalizados. Para isso, torna-se necessário que estes sejam compreendidos profundamente para que seja buscada sua superação, mesmo que essa superação tenha pela frente a necessidade da liberdade do pensamento e o risco da incerteza filosófica.

A liberdade de pensamento e a incerteza são possibilidades e, ao mesmo tempo, desafios para o futuro. Vejamos: se a inteligência humana conseguiu elaborar teorias que conseguem ir além da própria imaginação, ao demonstrar que a própria noção de tempo está relacionada à existência da luz que, por sua vez, condiciona a noção de espaço, podemos partir do pressuposto de que ela não será demonstrada em futuro próximo. A superação dos paradigmas cartesianos na compreensão da noção de espaço e tempo é um testemunho real de que se pode pensar além das possibilidades tecnológicas da humanidade. Superar-se é um dos papéis da ciência. Superar-se não no sentido do progresso da ciência de Kuhn nem no da falseabilidade de Popper, mas no sentido de que a matéria está em movimento.

O movimento, que pode ser apreendido abstratamente em seus momentos de superação de momentos anteriores, contendo o que ocorreu e sendo parte do que será conhecido, é básico para a compreensão da complexidade do pensamento e condição para sua própria superação.

3
Conceitos

Introdução

Nossa proposta metodológica para se discutir o pensamento geográfico estrutura-se, após o conhecimento do método e da teoria do conhecimento, na análise de conceitos, temas e teorias. Vamos verificar como foram construídos, ao longo do tempo, três conceitos e como eles foram sendo (re)elaborados por grandes pensadores geógrafos ou com outras formações científicas. Para isso vamos privilegiar, neste momento, os conceitos de espaço (e tempo), região e território.

Espaço (e tempo)

Embora nossa proposta seja discutir com profundidade alguns conceitos caros ao pensamento geográfico, neste item propomos a relação direta entre espaço e tempo porque, pela nossa proposta metodológica, eles precisam ser considerados em conjunto. Inicialmente, vamos discutir algumas ideias sobre o espaço para, em seguida, enfocarmos mais diretamente o tempo. No final, vamos ver como esses dois conceitos (que também podem ser enfocados em seu estatuto de categoria) se relacionam e estão na base de todo o conhecimento geográfico.

Se na geografia chamada "tradicional" o espaço não é um conceito-chave, ele comparece na obra de Ratzel encerrando "as condições de trabalho, quer naturais, quer aquelas socialmente produzidas", (apud Corrêa, 1995) consubstanciando o conceito de *espaço vital*.

Ele é enfocado por Hartshorne como espaço absoluto ("um conjunto de pontos que tem existência em si, sendo independente de qualquer coisa"). Esse autor, ao dissociar o espaço do tempo, produzirá uma máxima, muito conhecida dos geógrafos, segundo a qual a geografia "estudaria todos os fenômenos organizados espacialmente, enquanto a história, por outro lado, estudaria os fenômenos segundo a dimensão tempo" (apud Corrêa, 1995).

Na geografia neopositivista, o conceito de espaço tornar-se-á uma importante referência.

Segundo Corrêa (1995, p.20), esse conceito aparece pela primeira vez na história do pensamento geográfico como um conceito-chave da disciplina com os trabalhos de Schaefer (1953), de Ullman (1954) e Watson (1955), ganhando duas conotações: aquela que pode ser chamada de planície isotrópica, e outra, como de representação matricial.

No primeiro caso, o ponto de partida para a compreensão do espaço é a sua característica de homogeneidade, enquanto o ponto de chegada é a sua consequente diferenciação espacial, enfocada como que expressando um equilíbrio espacial. Nessa concepção, a variável mais importante é a distância, fundamental nos esquemas centro-periferia, associada às variáveis orientação e conexão.

No segundo caso, o espaço seria representado por uma matriz e por sua expressão topológica, chamada grafo. Os temas mais significativos estudados por essa tendência foram movimento, redes, nós, hierarquias e superfícies, de cujos nomes mais importantes foram Haggett e Chorley.

Ainda continuando a nos apoiar em Corrêa (1995), podemos dizer que a visão lógico-positivista privilegia a distância como variável independente, elemento que pode ser considerado um meio operacional que pode permitir elaborar um conhecimento sobre localizações e fluxos, hierarquias e especializações funcionais.

Contribuição mais polêmica para a transformação do conceito de espaço foi trazida pela chamada geografia crítica ou radical, de base marxista, por nomes como Milton Santos, Horacio Capel, Henri Lefèbvre, Richard Peet, entre outros.

O espaço aparece efetivamente na análise marxista a partir da obra de Henri Lefèbvre, de 1976, intitulada *Espacio y politica*. Para esse autor,

> do espaço não se pode dizer que seja um produto como qualquer outro, um objeto ou uma soma de objetos, uma coisa ou uma coleção de coisas, uma mercadoria ou um conjunto de mercadorias. Não se pode dizer que seja simplesmente um instrumento, o mais importante de todos os instrumentos, o pressuposto de toda produção e de todo o intercâmbio. Estaria essencialmente vinculado com a reprodução das relações (sociais) de produção. (p.34)

Para Santos (1985), cuja obra tem, em seu início, forte influência de Karl Marx e de Henri Lefèbvre, a constituição do conceito de formação socioespacial, cuja base está no conceito marxista de formação socioespacial, é importante porque modo de produção, formação socioeconômica e espaço são categorias interdependentes, pois o espaço tem que ser encarado como "fator social e não um reflexo social".

Santos (1985) afirma que o espaço deve ser estudado por meio de quatro categorias: *forma* é o "aspecto visível de uma coisa", "o arranjo ordenado de objetos", um padrão; *função* "sugere uma tarefa ou atividade esperada de uma forma, pessoa, instituição ou coisa"; *estrutura* "implica a inter-relação de todas as partes de um todo, o modo de organização da construção"; e *processo*, que "pode ser definido como uma ação contínua, desenvolvendo-se em direção a um resultado qualquer, implicando conceitos de tempo (continuidade) e mudança". Para ele,

> forma, função, estrutura e processo são quatro termos disjuntivos, mas associados, a empregar segundo um contexto do mundo de todo dia.

> Tomados individualmente, representam apenas realidades parciais, limitadas, do mundo. Considerados em conjunto, porém, e relacionados entre si, eles constroem uma base teórica e metodológica a partir da qual podemos discutir os fenômenos espaciais em totalidade. (ibidem, p.50-2)

Quando discute algumas questões que persistem na construção do pensamento geográfico, Santos (1996, p.16) afirma que "o *corpus* de uma disciplina é subordinado ao objeto e não o contrário" sendo "indispensável uma preocupação ontológica, um esforço interpretativo de dentro, o que tanto contribui para identificar a natureza do espaço, como para encontrar as categorias de estudo que permitam corretamente analisá-lo".

Santos foi pioneiro na insistência de que o espaço deve merecer atenção afinada dos geógrafos, desde meados da década de 1970. Outros pensadores, posteriormente, também insistiram nessa direção. Além da proposta de apontar o espaço como o objeto da Geografia, Santos se preocupa também com a "união espaço-tempo" e com o papel do lugar nas preocupações dos geógrafos. Ele afirma que para se discutir o espaço é preciso, como ponto de partida, defini-lo como "um conjunto indissociável de sistemas de objetos e de sistemas de ações" (Santos, 1996, p.18). Isto permite buscar "uma caracterização precisa e simples do espaço geográfico, liberta do risco das analogias e das metáforas" (ibidem, p.19).

A partir da noção de espaço, é possível "reconhecer suas categorias analíticas internas", como a "paisagem, a configuração territorial, a divisão territorial do trabalho, o espaço produzido ou produtivo, as rugosidades e as formas-conteúdo". Outras questões ligadas a essas categorias também precisam ser lembradas: os "recortes espaciais, propondo debates de problemas como o da região e o do lugar" além do "das redes e das escalas" e a "complementaridade entre uma tecnoesfera e uma psicoesfera" (ibidem, p.19).

É introduzindo a técnica na epistemologia do espaço que Milton Santos avança nas suas propostas de conceituação do espaço. Para ele, a "lógica da instalação das coisas e da realização das ações se confunde com a lógica da história, à qual o espaço assegura a continuidade" e que "uma primeira realidade a não esquecer é a da propagação desigual das técnicas" que se implantam seletivamente no espaço, lembrando a noção de *rugosidade* (ibidem, p.34-6).

Num esforço de conceitualização de espaço, Santos (1978, p.120) afirma que "o espaço geográfico é também o espaço social". Encarando o espaço como categoria, afirma que este seria uma categoria permanente e

> universal, preenchida por relações permanentes entre elementos lógicos encontrados através da pesquisa do que é imanente, isto é, do que atravessa o tempo e não daquilo que pertence a um tempo dado e a um dado lugar, quer dizer, propriamente histórico, o transitório, fruto de uma combinação topograficamente delimitada, específica de cada lugar. (ibidem, p.120-1)

A noção de espaço como categoria permanente está de acordo com nossa concepção de categoria apresentada no Capítulo 1 deste texto. No entanto, a noção de espaço como objeto social, a nosso ver, coisifica-o conceitualmente. Essa ação do pensamento contradiz a afirmação anterior e põe em questão a própria base ontológica do espaço, porque ora ele é uma categoria ora é coisificado como objeto social, na sua constituição como conceito.

Para Santos (1978, p.128), "o espaço não é nem a soma nem a síntese das percepções individuais. Sendo um produto, isto é, um resultado da produção, o espaço é um objeto social" e, por conseguinte, "natureza socializada", aquilo que os geógrafos denominam e conhecem por espaço ou espaço geográfico (ibidem, p.130).

A análise de Milton Santos, que se propõe elaborar uma estrutura para a compreensão do espaço, vai para o campo ontológico ao se considerar que "o espaço impõe a cada coisa um conjunto de relações porque cada coisa ocupa um certo lugar no espaço" (ibidem, p.137).

Do ponto de vista da compreensão empírica do espaço, pode-se falar dele "como condição eficaz e ativa da realização concreta dos modos de produção e de seus momentos" porque os objetos geográficos "aparecem em localizações, correspondendo aos objetos da produção em um dado momento e, em seguida, por sua própria presença", influenciando "os momentos subsequentes da produ-ção" (ibidem, p.139).

O caráter do espaço como elemento estrutural da sociedade pode ser confirmado, em outras palavras, pelo próprio Milton Santos (1978, p.149), que afirma:

> o papel específico do espaço como estrutura da sociedade vem, entre outras razões, do fato de que as formas geográficas são duráveis e, por isso mesmo, pelas técnicas que elas encarnam e às quais dão corpo, isto é, pela sua própria existência, elas se vestem de uma finalidade que é originalmente ligada, em regra, ao modo de produção precedente ou a um de seus momentos.

A categorização marxista do espaço social tem outros elementos a se considerar. A maioria dos autores marxistas aceita a "priorida-de do método como na afirmação da viabilidade do materialismo como teoria geral da sociedade".

Quando se trata especificamente do conhecimento geográfico, "o discurso marxista supõe em todos os casos aceitar a existência de relações mútuas e complexas entre sociedade e espaço, entre processos sociais e configurações espaciais". Para Peet (1978, p.22), "a geografia marxista é a parte do conjunto da ciência que se ocupa das inter-relações entre processos sociais por um lado, e meio físico e relações espaciais por outro".

Harvey, em seu livro *Urbanismo y desigualdad social* (1973), afirma que o espaço não pode ser "em si mesmo e ontologicamente" nem absoluto (algo em si, com existência independente, como encarado pela geografia tradicional), nem relativo (relação entre objetos, como encarado pela geografia analítica), nem relacional (espaço contido nos objetos). O espaço pode "chegar a ser uma destas três coisas – ou as três – segundo as circunstâncias da prática humana" (ibidem, p.5-6). Essa análise é por ele repetida, ao discutir a natureza do espaço, no livro *Justiça social e a cidade*, publicado no Brasil em 1984, em sua segunda parte, quando se esboça uma *teoria do uso do solo urbano* (p.4-5).

As ideias de Harvey, que ao discutir o conceito de espaço (absoluto, relativo e relacional) propõem uma abordagem teórica do uso do solo urbano, demonstram a intensa relação que existe, epistemologicamente, entre os conceitos e as teorias.

Mendoza (1982, p.150) afirma que, se o "espaço é a projeção da sociedade, somente poderá ser explicado ... decompondo em primeiro lugar a estrutura e o funcionamento da sociedade ou formação social que o produziu". Dessa forma, o "conceito de modo de produção aparece como conceito central", pois "geneticamente os processos de criação do espaço e do modo de produção são inseparáveis". Assim, o entendimento do espaço supõe "aceitá-lo como um dos resultados dos processos de produção historicamente atuantes no seio das estruturas sociais".

Segundo o autor citado, Peet (1979, p.166) afirma, por sua vez, que "um determinado modo de produção expressa-se de forma diferente em diferentes condições físicas, ou em áreas de transição cultural diversa a partir de modos de produção decadentes, dando lugar a diferenças entre e dentro das formações sociais que gera".

Lucio Gambi, citado por Quaini no livro *Marxismo e geografia* (1979, p.51), com base nos aportes marxistas da geografia, sugere uma definição dessa ciência: "a história da conquista consciente e da elaboração regional da terra em função de como se organizou a sociedade".

Ao final dessa abordagem marxista do espaço, é preciso lembrar, como escreveu Lefèbvre (1974), que enquanto produto, por interação ou reação, o espaço intervém na própria produção: organização do trabalho produtivo, transportes, fluxos de matérias-primas e das energias, redes de repartição dos produtos. A sua maneira produtivo e produtor, o espaço entra nas relações de produção e nas forças produtivas (mal ou bem organizado). Seu conceito não pode, portanto, se isolar e permanecer estático. Ele se dialetiza: produtivo-produtor, suporte das relações econômicas e sociais. (p. IV-V, Préface).

Soja, em sua obra *Geografias pós-modernas* (1993), cujo subtítulo é "*a reafirmação do espaço na teoria social crítica*", faz um resgate epistemológico desse conceito, mostrando como, ao longo do tempo e das doutrinas relativas, ele tem importância diferenciada no pensamento geográfico.

Nos anos 1970, a inserção de uma geografia de base marxista vai transformar a concepção de espaço. Nomes como o de Lefèbvre e o de Milton Santos vão ser fundamentais para esse fato, quando surge na geografia marxista um "acirrado debate acerca da diferença que faz o espaço na interpretação materialista da história, na crítica do desenvolvimento capitalista e na política da reconstrução socialista" (Soja, 1993, p.72).

É Harvey quem vai afirmar que "a geografia histórica do capitalismo tem que ser objeto de nossa teorização, e o materialismo histórico-geográfico, o método de investigação" (apud Soja, 1993, p.58). Essa afirmação provoca um sério confronto com aquilo que já defendemos anteriormente, no que se refere ao conceito de método. Baseado em nossa concepção de método, o que Harvey chama de método, preferimos denominar doutrina.

Voltando ao que afirmou Lefèbvre, Soja (1993, p.65) afirma que "a própria sobrevivência do capitalismo estava baseada na criação de uma espacialidade cada vez mais abrangente, instrumental, e também socialmente mistificada, escondida da visão crítica sob véus espessos de ilusão e ideologia". Assim, a "espacialidade do urbano, a interação entre os processos sociais e as formas espaciais, e a possibilidade de uma dialética sócio-espacial urbana formadora foram questões fundamentais de debate desde o início, e continuam a ser importantes nos estudos urbanos marxistas contemporâneos" (ibidem, p.70). Essa afirmação alerta para o empobrecimento epistemológico provocado pela forte influência do historicismo, como afirmou Löwy (1991).

Em consonância com o que este autor afirma, podemos lembrar o que Soja (1993, p.159) afirmou sobre o mesmo assunto: "o historicismo bloqueia da visão tanto a objetividade material do espaço, como uma força estruturadora da sociedade, quanto a subjetividade ideativa do espaço, como parte progressivamente ativada da consciência coletiva".

Na década de 1970,

> desenvolveu-se na geografia marxista e nos estudos urbanos e regionais um movimento crescente, que parecia estar concluindo que o espaço e a espacialidade só poderiam encaixar-se como uma expressão reflexa, um produto das relações sociais mais fundamentais de produção e das "leis de movimento" a-espaciais ... reforçado por uma "crítica da crítica", de base mais ampla, que se vinha espalhando pelo marxismo ocidental mais ou menos na mesma época, denunciando as insuficiências teóricas, as interpretações exageradas e as abstrações despolitizantes do estruturalismo althusseriano e de seus adeptos neomarxistas e "terceiro-mundistas". (p.73)

A contribuição desse avanço foi necessária para "recombinar a construção da história com a construção da geografia", mesmo que tenha sido um "exercício necessariamente eclético" (ibidem, p.76-7).

Assim, estava colocada, finalmente, na produção do pensamento geográfico, a figura definitiva do espaço como elemento estruturador da sua inter-relação com a filosofia.

Ao propor uma *"dialética sócio-espacial"*, Soja (1993, p.99) afirma que ela "representa ... um componente dialeticamente definido das relações de produção gerais, relações estas que são simultaneamente sociais e espaciais ... captáveis com maior precisão no conceito de desenvolvimento geograficamente desigual".

Importante é lembrar que a implantação do calendário gregoriano (século XVI, mais precisamente 1582) possibilitou o domínio do tempo dos outros porque o uso do relógio tornou-se disseminado. "Descolado" o tempo da produção do tempo cósmico, quando as pessoas passaram a produzir dentro das edificações e não dependiam mais nem da luz natural nem das estações do ano, ele foi capturado pelas relações capitalistas de produção e teve, posteriormente, papel decisivo na compreensão do espaço.

Harvey (1992, p.220) apresenta um esquema que procura demonstrar a compressão do espaço pelo tempo, ao mostrar que a velocidade dos deslocamentos e da informação amplia-se com o desenvolvimento tecnológico.

Uma proposta bastante concreta para a conceituação do espaço é feita por Milton Santos (1996, p.50), que o define como "um conjunto de fixos (que servem para definir o lugar) e fluxos (as ações que atravessam ou se instalam nos fixos), que ao interagir expressam a realidade geográfica".

Essa proposta é considerada, por esse autor, superada. Recentemente, ele propôs compreender o espaço como constituído por sistemas de objetos e sistemas de ações.

Bourdieu (1996, p.18) analisa o espaço, adjetivando-o como social, através da relação entre as *posições sociais* (para ele, conceito relacional), as *disposições* (o que ele chama de *habitus*) e as *tomadas de posição* (definidas escolhas realizadas pelos diferentes atores sociais).

Pela óptica das posições sociais, "o espaço social é construído de tal modo que os agentes ou os grupos são aí distribuídos em função de sua posição nas distribuições estatísticas de acordo com os dois princípios de diferenciação que, em sociedades mais desenvolvidas ... são, sem dúvida, os mais eficientes – o capital econômico e o capital cultural" (ibidem, p.19).

Para Bourdieu (1996, p.20-1), "o espaço de posições sociais se retraduz em um espaço de tomada de posições" e "a cada classe de posições corresponde uma classe de *habitus* – princípio gerador de práticas distintas e distintivas – ... produzidos pelos condicionamentos sociais associados à condição correspondente...".

Piettre (1997, p.21) analisa o tempo e o espaço afirmando que "o início do século XX assistiu a uma unificação do espaço com o tempo na teoria especial da relatividade de Einstein", na tentativa de criação de uma "nova geometria do espaço-tempo". O tempo não pode ser compreendido sem sua relação com o espaço e vice-versa. Vamos voltar um pouco para tentar discutir essa afirmação. Para Aristóteles, o tempo seria o mesmo para todas as pessoas, independentemente do lugar onde elas estivessem, porque ele, sendo "medida do movimento astronômico", seria obviamente a "medida de movimento, medida uniforme de movimentos multiformes: da grandeza variável quanto ao aumento, alterações, deslocamentos...".

Com Santo Agostinho (?-605), a Filosofia concebe a essência subjetiva do tempo porque ele não teria existência fora do espírito nem teria nenhuma materialidade. O tempo real seria o da alma:

"para que seja experimentado pela alma, é preciso que esta seja afetada pela existência de mudanças que não aconteceriam se não fossem efeito de mudanças que se produzem fora dela, no mundo" (Piettre, 1997, p.35). Esse mesmo autor afirma, analisando a Filosofia medieval, que "nossa experiência do tempo nos revela precisamente que o modo de ser do tempo é de não ser: o futuro não é ainda, o passado não é mais, o instante presente acabou de ser" (ibidem, p.31).

A ciência moderna (que vai ter duas concepções básicas do tempo, uma delas sendo ele uma simples representação – como para Espinosa e Leibniz, e a outra que considerava o tempo uma realidade – como para Descartes e Newton) vai abolir o tempo:

> ela considerava que, essencialmente, tudo permanecia no universo imutavelmente idêntico a ele mesmo: os astros girando uns em torno dos outros, segundo uma mecânica impecável, mundo concebido por um Ser eterno e feito para durar eternamente, cujo começo ou fim, se existem, são o efeito contingente da única vontade divina. (ibidem, p.83)

Continuando a nos apoiar em Piettre, ele afirma que Kant vai mudar essa concepção. Para ele, "podemos abstrair, na experiência, todo dado material sensível, mas nunca o espaço e o tempo ... O espaço e o tempo são, antes, formas que conteúdos de representação, e formas necessárias para toda representação" (apud Piettre, 1997, p.97). Assim, "a representação do tempo e do espaço não seria então derivada da experiência ... mas constitui antes sua condição", sendo as formas necessárias da experiência, tanto externa quanto interna, da pessoa (ibidem, p.98). É Kant que vai conceber o tempo e o espaço como categorias filosóficas fundamentais para a compreensão da realidade. Sem estas, a existência não seria possível porque não se pode conceber nada antes, depois ou mesmo sem tempo e espaço.

No século XIX, a concepção de tempo vai mudar com Hegel e Nietzsche. Para Hegel, que tenta "reconciliar a razão com o devir" da natureza e da história, este seria "o teatro da realização progressiva do Espírito". Para Piettre, nessa perspectiva racional, "o fim está no começo, exatamente como na teodicéia cristã a história da natureza e da humanidade está presente, desde o começo para o Espírito.

O que é negar a contingência do futuro e, nesse sentido, o tempo". Já Nietzsche procurou "demonstrar que a Filosofia e, com ela, a ciência sempre foram incapazes de pensar o devir como tal, tanto a finalidade de sua iniciativa racional é de nos proteger por meio de categorias de segurança (de necessidade, de ordem, de finalidade) da terrível visão de um devir universal, sem razão e sem finalidade" (p.40).

Bergson (1859-1941), segundo Piettre (1993, p.46) "sublinha com insistência a necessidade de perceber toda a diferença que existe entre o tempo abstrato que não é senão um número – o tempo do relógio, o tempo medido em física... – e o tempo concreto que passa, chamado então 'duração', duração experimentada, vivida pela consciência. Assim, o que se mede, fisicamente, diferentemente do que era para Santo Agostinho, "é ainda e sempre o espaço, e não ... uma grandeza existente no e pelo espírito, uma duração memorizada relativa" (ibidem, p.48). Essa visão era semelhante à da física mecanicista no século XIX.

Segundo Piettre (1997, p.57), Einstein, no século XX, vai afirmar que, para os "físicos convictos" (ou na física moderna), "a distinção entre o passado, o presente e o futuro, apesar de sua persistência não é mais que uma ilusão", o que não é absurdo porque nas "equações da relatividade, o tempo permanece uma grandeza reversível" (ibidem, p.61). Para ele, o espaço é uma realidade e que "existe tempo na medida em que existe movimento" (ibidem, p.69), ou seja, o princípio básico na relação entre tempo e espaço seria a possibilidade de o tempo ser a referência das "velocidades relativas do movimento" (ibidem, p.80).

A relação entre tempo e espaço é consolidada para a física de Einstein porque, para ele, "o espaço não é nenhum vazio real (Newton) ou formal (Kant), mas uma realidade material de um campo gravitacional; sua estrutura geométrica (sua curvatura) é função da intensidade do campo gravitacional" (Piettre, 1997, p.115) e são "constitutivos da realidade do universo" (ibidem, p.116).

Assim, "olhar longe no espaço é olhar longe no tempo, pois o único meio de informação que nós temos sobre o que acontece no espaço e no tempo é a luz: uma estrela afastada no espaço, por exemplo, está igualmente afastada no tempo, visto que a luz, para chegar até nós, levará um tempo proporcional à distância por ela percorrida" (ibidem, p.117). Para se verificar empiricamente essa afirmação, "constitui-se um sistema de interpretação (uma teoria) que considera o tempo e o espaço segundo não apenas as três coordenadas clássicas do cartesianismo (x, y e z), mas uma quarta coordenada, que é a coordenada t, que varia quando a análise se baseia na velocidade da luz". Por essa razão, não há "um tempo universal comum, mas tempos diferentes, ou relógios diferentes, conforme o sistema de coordenadas" (ibidem, p.119).

Um outro elemento, portanto, entra em cena para a compreensão do espaço e do tempo: a luz. Ela relativiza as suas dimensões porque, teoricamente, pode chegar em momentos diferentes a diferentes observadores. No entanto, é preciso também, segundo essa teorização, compreender que a luz traz informações do passado. E esse passado é irreversível. Se, por um lado, há relatividade na percepção do tempo dependendo da posição da pessoa no espaço, e exatamente por isso é possível conceber a reversibilidade do tempo, por outro, quando se considera a luz como o elemento que traz as informações passadas aí o tempo se torna irreversível.

Com essa perspectiva é possível afirmar que o universo possui um "tempo" e um "espaço", "ele tem um presente: o estado atual de sua expansão" e "tem um futuro: aquilo que se situa além de sua expansão e, portanto, um espaço do universo ainda não existente. E tem um passado: esse passado não é mais o que o espaço do mundo constituído e do qual nós temos a ilusão de eternidade presente pela luz que dele ainda recebemos" (Piettre, 1997, p.132).

Para Santos (1978, p.207), é preciso considerar as seguintes premissas: 1) – "o tempo não é um conceito absoluto, mas relativo, ele não é o resultado da percepção individual, trata-se de um tempo concreto; ele não é indiferenciado, mas dividido em secções, dotada de características particulares"; 2) – "as relações entre os períodos históricos e a organização espacial também devem ser analisadas", numa clara alusão à periodização habitual que se faz na produção do conhecimento geográfico e que tem sido objeto de muitas controvérsias na história da Geografia.

Embora seja possível continuar a exposição de ideias e teorias sobre a relação espaço-tempo na filosofia contemporânea, achamos melhor parar por aqui. E uma pergunta pode passar, neste momento, pela mente do leitor: por que tanta discussão sobre o tempo e o espaço na perspectiva da física? A resposta que podemos dar é a seguinte: não se pode compreender essa categoria, nem mesmo no campo restrito dos estudos geográficos, sem compreendê-la, minimamente, em suas diversas dimensões e interpretações elaboradas por diferentes pensadores em diferentes áreas do conhecimento.

O cotejo das diferentes ideias, especialmente aquelas derivadas dos estudos mais avançados, realizados a partir das observações do universo feitas pelos físicos, sem dúvida vai condicionando a ideia de espaço e de tempo e vai influenciando, mesmo que de maneira não palpável, os seus enfoques e as diferentes determinações que podem afetar diretamente a sua concepção. As categorias tempo e espaço (ou espaço e tempo, a ordem não interessa nesse caso) condicionam a compreensão da realidade, sobretudo no momento atual, quando o avanço científico que permite grande velocidade na circulação das comunicações deflagra novos paradigmas para a compreensão das escalas que afetam o espaço e o tempo e, consequentemente, a vida cotidiana das pessoas nos mais distantes territórios do planeta.

Harvey marcou importante momento de discussão na produção do pensamento geográfico quando propôs a abordagem do espaço em três categorias: absoluto, relativo e relacional, como já foi discutido anteriormente.

Por fim, para completar a abordagem do conceito de espaço nas diversas tendências da geografia, vamos apresentar, de uma maneira bem superficial, como ele é encarado pela chamada geografia humanista ou cultural. Baseada nas filosofias do significado, especialmente a fenomenologia e o existencialismo, segundo Corrêa (1995), essa "geografia" surge como uma crítica àquela de "cunho lógico-positivista", recuperando a "matriz historicista que caracterizava as correntes possibilista e cultural da geografia tradicional".

A geografia humanista está assentada na "subjetividade, na intuição, nos sentimentos, na experiência, no simbolismo e na contingência, privilegiando o singular e não o particular ou o universal, e ao invés da explicação, tem na compreensão a base de inteligibilidade do mundo real". Revaloriza-se a paisagem como conceito. Um nome que se destaca na gênese dessa corrente é Yi Fu Tuan, para quem "os sentimentos espaciais e as ideias de um grupo ou povo sobre o espaço a partir da experiência" são importantes. Para ele, há vários tipos de espaços: "um espaço pessoal, outro grupal, onde é vivida a experiência do outro, e o espaço mítico-conceitual que, ainda que ligado à experiência, 'extrapola para além da evidência sensorial e das necessidades imediatas e em direção a estruturas mais abstratas'" (p.77).

A elaboração, por exemplo, de mapa mental (como aquele apresentado por nós, em 1984, no artigo "Percepção do espaço e formação do horizonte geográfico") a partir de causas de natureza estrutural do sistema capitalista (circuitos da economia urbana, nível de atividade da ocupação profissional, fator distância, etc.) e de motivos de natureza individual (mobilidade das pessoas, relação da pessoa com os grupos sociais mais próximos, o lazer etc.), por um lado, e, por outro, o estudo sobre o espaço sagrado da vila de Porto das Caixas, na Baixada Fluminense, onde se define, no espaço sagrado, o ponto fixo, lugar da hierofania, e o entorno, e, envolvendo o espaço sagrado, os espaços profanos direta e indiretamente vinculados (Rosendhal, 1994) são apenas dois exemplos que podemos citar dessa tendência, em momentos diferentes, com propostas e com conclusões diferentes.

Embora essa corrente não deva ser minimizada, a disseminação dos estudos ligados a ela, que remontam à década de 1970, tem sido muito limitada, especialmente no Brasil. Vários estudos já surgiram segundo suas metodologias, mas essa corrente se mantém restrita a poucos pesquisadores localizados nos diferentes centros de produção científica.

Região

Esse é um outro tema que pode servir de base para o entendimento do pensamento geográfico. Podemos, partindo dele, discutir ideias, autores e obras. Como exercício, neste momento, vejamos o que nos alerta Gomes (1995, p.49), ao dizer que reconhecer a existência do termo região é "mais do que simplesmente assinalar a existência, significa aceitar seu uso ... [e] conceber nesta multiplicidade a riqueza e o objeto propriamente de uma investigação científica". As consequências dessa concepção seriam, para Gomes (1995, p.49-50: a) "o conhecimento científico perde o caráter de matéria normativa, de única representação 'verdadeira' da realidade"; b) a geografia deve procurar "nos diferentes usos correntes do conceito de região suas diferentes operacionalidades; e c) pode-se seguir sem se transformar num ator a mais que promova apenas as controvérsias sobre o conceito de região".

Para Gomes, "a palavra região deriva do latim *regere*, palavra composta pelo radical *reg*, que deu origem a outras palavras como regente, regência, regra etc.". Em seguida, afirma que "*regione* nos tempos do Império Romano era a denominação utilizada para designar áreas que, ainda que dispusessem de uma administração local, estavam subordinadas às regras gerais e hegemônicas das magistraturas sediadas em Roma" (ibidem, p.50). Essa afirmação permite identificar a origem do termo região com um território e seu caráter administrativo. Essa ideia vai se consolidar quando se busca a origem dos termos *spatium* (visto como contínuo ou como intervalo) e *provincere* (província), áreas controladas pelos responsáveis pela continuação da submissão romana (ibidem, p.51).

A partir dessas rápidas afirmações, podemos fazer eco às palavras de Gomes, quando ele diz que: a) "o conceito de região tem implicações fundadoras no campo da discussão política, da dinâmica do Estado, da organização da cultura e do estatuto da diversidade espacial"; b) o debate sobre a região "possui um inequívoco componente espacial", ou seja, as "projeções no espaço das noções de autonomia, soberania, direitos etc., e de suas representações"; c) "a geografia foi o campo privilegiado dessas discussões" (ibidem, p.52).

Quando a abordagem do conceito ganha conotações históricas, a primeira noção que surge é a de região natural, considerada um elemento da geografia física, da natureza, pois a leitura que Vidal de

La Blache fazia, no início do século, estava alicerçada na geologia. O conceito de região natural nasce, portanto, da "ideia de que o meio ambiente tem um certo domínio sobre as orientações dos diferentes aspectos do desenvolvimento da sociedade".

Para La Blache, afirma Gomes (1995), a região "era a denominação dada a uma unidade de análise geográfica, que exprimiria a própria forma de os homens organizarem o espaço terrestre", sendo, cientificamente, não apenas um "instrumento teórico de pesquisa, mas também um dado da própria realidade"; enfim, uma "escala de análise, uma unidade espacial, dotada de uma individualidade, em relação a suas áreas limítrofes" (Moraes, 1981, p.75).

A "solidariedade das atividades, pela unidade cultural, a certas porções do território" dará origem à "noção de região geográfica, ou região-paisagem ... unidade superior que sintetiza a ação transformadora do homem sobre um determinado ambiente", quando tem, em sua abordagem mais geral, os diferentes componentes que irão gerar as monografias regionais que tanto marcaram a produção geográfica na primeira metade do século XX, cujo "método" é a descrição e os trabalhos de campo eram de enorme importância (Gomes, 1995, p.56).

A noção corológica que Hettner impinge à geografia, ao basear-se na divisão das ciências em *idiográficas* (aquelas que se preocupam com as análises singulares e descritivas de um só lugar ou tema) e *nomotéticas* (aquelas que se preocupam em, a partir das generalizações, estabelecer leis ou regras comuns que possam ajudar na explicação de fenômenos universais), retomada posteriormente por Richard Hartshorne, em sua obra *The nature of Geography*, estabelece o *método regional* como fundamento para, ao estudar a região, preocupa-se com "a distribuição e a localização espacial", sendo "este ponto de vista", o "elemento-chave na definição de um campo epistemológico próprio à geografia" (p.59). Para Hartshorne, a região "não é uma realidade evidente", mas "um produto mental, uma forma de ver o espaço que coloca em evidência fundamentos da organização diferenciada do espaço", ou seja, "síntese" de relações complexas (p.59-60).

Como reação a essa concepção, o advento da geografia neopositivista, que buscava a unidade metodológica e discursiva da geografia, passa a encarar a região como "tarefa de dividir o espaço segundo diferentes critérios", tornando a região "um meio e não mais um produto", criando os conceitos de *regiões homogêneas* e de *regiões funcionais* (p.63), cuja visibilidade seria dada pelos modelos e pelos sistemas.

Essa reação, segundo Moraes (1981, p.107-9), tem como consequência, dadas as condições da época de seu desenvolvimento, uma prática de intervenção na realidade, ao instaurar mecanismos para "a maximização dos lucros, a ampliação da acumulação do capital, a manutenção da exploração do trabalho", pois como um aparato do Estado torna-se um instrumento da dominação burguesa.

Mais tarde, a corrente denominada de crítica, na geografia, argumentava que a diferenciação do espaço se deve, principalmente, à divisão territorial do trabalho e ao processo de acumulação capitalista que produz e distingue espacialmente possuidores e despossuídos, rechaçando qualquer outra noção ou conceito científico como produto ideológico, enfatizando a controvérsia relativa ao conteúdo da região e, a nosso ver, invertendo a questão metodológica, buscando superar a infindável discussão sobre o que é o objeto da geografia.

Por essa razão, o processo histórico ganha visibilidade a partir do conceito de formação socioeconômica, sendo a região a "síntese concreta e histórica desta instância espacial ontológica dos processos sociais, produto e meio da produção e reprodução de toda a vida social", como afirmou Milton Santos (1978).

Outra corrente, ora inserida no que foi a geografia "crítica" ora no que foi a geografia "pragmática", principalmente em virtude de sua particularidade metodológica (fenomenologia e hermenêutica) e pela forte inserção do pesquisador na sua relação com o objeto de análise – aquela chamada humanista – vai conceber a região a partir da "consciência regional, sentimento de pertencimento, mentalidades regionais", do "espaço vivido", existindo como "um quadro de referência na consciência das sociedades" (Gomes, 1995, p.67).

Para esse autor, o conceito de região esteve presente em diversos debates pretéritos e ainda hoje animam as discussões epistemológicas da geografia.

Um primeiro grupo desses debates pode ser delineado "pelas noções de região natural e de região geográfica". Outro grupo seria aquele derivado das repercussões entre "os modelos de uma ciência do geral e de uma ciência do singular". Por fim, o terceiro grupo pode ser definido como "aquele que pretende saber se é possível identificar critérios gerais e uniformes que estruturam o espaço ou se estes critérios são mutáveis e se definem pela direção da explicação ou das coordenadas às quais o pesquisador faz variar de acordo com suas conveniências explicativas" (ibidem, p.67-70).

Para concluir este item, podemos dizer que no século XX as transformações na produção geográfica podem ser assim sintetizadas, segundo Oliveira (1996, p.2):

> na história recente da disciplina observou-se a passagem da Geografia do como para a Geografia do porquê; da Geografia da descrição do visível e dos seus processos para a Geografia da explicação do não aparente e dos processos não visíveis na paisagem; da Geografia da região e de lugares sem homens para a Geografia do espaço como totalidade, produzido por sujeitos (homens/classes) historicamente definidos; da Geografia da aparência para a Geografia que buscava a apreensão da essência e a sua relação dialética com a aparência

Lencioni (1999, p.28) parte do pressuposto de que "o conceito de região está vinculado à ideia de parte de um todo", considerando a noção de totalidade baseando-se em Lefèbvre, que a compreende "como totalidade fechada, um sistema, ou como totalidade aberta". Outro elemento importante para a compreensão da região é a escala, não como relação aritmética entre medidas da representação cartográfica e o território representado, mas como "indutora de conteúdos para a análise" (ibidem, p.29).

Relacionando a noção de região a reflexões de Kant, Lencioni (1999, p.78) afirma que, para ele, "o fundamento da Geografia é o espaço" porque há uma "relação fundamental" entre "as condições naturais e a historia dos homens" pois "não se pode conhecer o homem se se ignorar o meio", e pelo fato de ser o espaço "condição de toda experiência dos objetos".

Neste ponto, chamamos a atenção do leitor para a relação entre os conceitos de espaço (e tempo) e região. Essa relação é básica para a epistemologia do conhecimento geográfico.

Outro aspecto que deve ser lembrado é a separação, baseada na doutrina positivista, entre o conhecimento da natureza e o conhecimento dos homens. A "tentativa" de solução pelos estudos regionais procurava superar essa divergência ao combinar as duas perspectivas. A partir daí, "o objeto essencial de estudo da Geografia passou a ser a região, um espaço com características físicas e socioculturais homogêneas, fruto de uma história que teceu relações que enraizaram os homens ao território e que particularizou este espaço, fazendo-o distinto dos espaços contíguos" (p.100).

Com essa definição de região, também se deve considerar que esta pode ser "distinguida pela paisagem" e que "os homens tomam consciência dela, à medida que constroem identidades regionais. Portanto a região, nesta perspectiva, possui uma realidade objetiva e cabe ao pesquisador distinguir as homogeneidades existentes na superfície terrestre e reconhecer as individualidades regionais" pelas possibilidades de "integração e síntese" (p.100).

Lencioni (1999, p.107) afirma que "Paul Claval sintetizou o sentido que a região toma no pensamento" de Vidal de La Blache.

> A primeira consideração é a de que as regiões se evidenciam na superfície terrestre; a segunda, é a de que as regiões se traduzem na paisagem e nas realidades físicas e culturais; e, a terceira, a de que os agrupamentos humanos tomam consciência da divisão, a nomeiam e a utilizam na criação dos quadros administrativos.

Para Lencioni (1999, p.127), mais tarde, Hartshorne vai afirmar que "as regiões não são auto-evidentes. Elas se definem a partir de uma construção mental do pesquisador. A região, portanto, não se constitui um objeto em si mesma, ela é uma construção intelectual". Quando porém, se levam em consideração as delimitações das divisões entre áreas, ele "chama a atenção para o fato de que o raciocínio não deve estar limitado à ideia de contiguidade regional" (ibidem, p.129).

Na perspectiva da Geografia Ativa, que partia do pressuposto de que o espaço poderia ser organizado pelo homem por vias institucionais, a "região foi discutida pela perspectiva do desenvolvimento desigual e se colocou como objeto de intervenção da ação do homem", traduzindo-se a "ideia de espaço como um campo de ação de fluxos", definindo-se a região "pela dinâmica dos fluxos espaciais" (ibidem, p.141).

Pela óptica da fenomenologia, a região passa a ser concebida como um espaço vivido e como uma construção tanto mental quanto submetida à "subjetividade coletiva de um grupo social ... inscrita na consciência coletiva" (ibidem, p.155).

Concebendo-se o "espaço como um produto social", a região, citando Damette, "representa um espaço que tem uma certa coerência interna, que se dissolve por meio do que ele denomina de processo de regionalização-desregionalização" – este último termo como sinônimo de globalização (ibidem, p.164). Baseando-se na doutrina do materialismo histórico, a região se submete à noção de formação econômica e social, aparecendo como "derivações de processos gerais" (ibidem, p.168).

Ainda é Lencioni (1999) que, analisando a obra *Elegia para uma re(li)gião*, de Francisco de Oliveira, que traz a seguinte citação: "a região se constitui um espaço em que a reprodução do capital se processa de uma forma particular, gerando uma luta de classe específica. A região se coloca, portanto, como uma dimensão particular do processo de valorização do capital" (p.171).

Como última contribuição para nossa discussão do conceito de região, vamos nos basear em Thrift (1996), que enfoca a Geografia Regional, analisando o "inconsciente político" de Vidal de La Blache, Karl Marx e Fredric Jameson. Thrift (1996, p.216) toma esses três autores como referência porque La Blache viveu uma "época em que a antiga ordem está em seus estertores e que os principais contornos de uma nova ordem estão justamente começando a aflorar"; Marx "viveu uma época de transição" e seus escritos "exerceram influência maior sobre a geografia humana dos últimos vinte anos"; e Jameson "representa uma tentativa de traçar as mudanças em nossa era" e "está decidido a estabelecer um papel-chave para o espaço nessas mudanças", tentando, ainda, "levar avante a obra de Marx".

Procurando traçar distinções entre os pensamentos desses três autores, Thrift elaborou um quadro, no qual mostra as suas principais características. Para ele, La Blache "preocupa-se com a necessidade de dedicar-se não apenas à singularidade da região mas também à sua crescente independência" (ibidem, p.221), numa época em que a industrialização vai ganhando nova importância na França, se comparada à ruralidade dos *paysans*. Para La Blache, a Geografia era uma ciência social (a ciência da paisagem) baseada nas ciências naturais (ibidem, p.221).

A região mudou "a sua natureza no curso da história", ao mudar "de uma espacialidade rural baseada no local para uma região cujo motor é o urbanizado capitalismo industrial" (ibidem, p.225).

A concepção de região de Vidal de La Blache foi fundamental para as bases da Geografia Regional porque, a partir dela, estabeleceu-se um modelo de monografia que, partindo da descrição dos aspectos físicos da área estudada, chegava-se aos "aspectos humanos" pela descrição da população, inicialmente, e das relações econômicas, no final. Esse modelo, que inspirou inúmeras teses e dissertações nos principais centros de pós-graduação do Brasil tardiamente, nas décadas de 1960 e 1970, esgotou-se com a influência do marxismo.

Tentando buscar o conceito de região em Marx, Thrift (1996, p.227) afirma que, para ele, "o capital era essencialmente uma influência *homogeneizante e centralizante*", mesmo que alguns problemas, que lhe dificultaram a incorporação da variedade local à dinâmica do capitalismo, devam ser lembrados. Um deles é a noção de desenvolvimento desigual, que poderia embasar uma prática de Geografia Regional marxista. Para ele, "a reestruturação industrial leva à reestruturação regional" e isso leva a um outro problema, que é o seguinte: "questões mais amplas ... precisam ser reformuladas acerca da natureza de regiões capitalistas modernas e qual a melhor maneira de se apresentar esta natureza", porque a "região está sendo redefinida" (ibidem, p.233) desde os tempos de Marx e de La Blache (ver Quadro 4).

Quadro 4 – Três autoridades: Vidal, Marx e Jameson

	Vidal	Marx	Jameson
Imaginário principal	Camponês, França	Industrial, Inglaterra	Suburbano, EUA
Modo de produção dominante	Feudalismo	Capitalismo industrial	Capitalismo recente ou multinacional
Principais classes	Camponeses / donos de terras	Proletários / capitalistas	Classe média
Experiência dominante	Vivendo	Produzindo	Consumindo
Modo dominante de representação social	Falado	Escrito	Imagens
Meios principais de interpretação cultural	Contar histórias / metáforas naturais	Metanarrativa / ciência/geral	Narrativas locais / hermenêutica / diferença
Espacialidade principalidade	Retorno / restabelecimento / homogeneização	Explosão / colonização / heterogeneidade	Implosão / colonização / mobilidade
Sítios principais	Aldeia / campo	Lar / fábrica	Lar / lojas

Fonte: Thrift (1996, p.217).

A análise sobre o Nordeste brasileiro pela óptica marxista realizada por Oliveira (1977) vai além das dúvidas expostas por Thrift. Aquele autor, economista, conseguiu esboçar, a partir da abordagem das classes sociais e, principalmente, de suas relações de poder, o conceito de região para essa área do Brasil. Seabra & Goldenstein (1982) compararam as ideias de Oliveira *(Elegia para uma re(li)gião,* 1975) com as de Lipietz (*O capital e seu espaço,* 1988). Se Oliveira parte das determinações regionais estabelecidas pelas condições históricas do Nordeste brasileiro e chega a uma exposição clara das relações de poder, e, portanto, de definir as determinações territoriais da formação econômico-social brasileira, a partir de suas evidências empíricas nessa área, Lipietz baseia-se no conceito de modo de produção para estudar a França e permanece preso à lógica do próprio discurso para explicar esse país.

Voltemos a Thrift (1996). Ao analisar o seu pensamento, ele afirma que a paisagem do capitalismo de Jameson ... baseia-se "sobre o absoluto poder econômico das corporações multinacionais apoiado por 'estonteantes estruturas de crédito e poder'". Esse crédito e poder é "transmitido por meios eletrônicos" e há a "predominância absoluta da forma de mercadoria" e de sua lógica que se tornou factível "pelo desenvolvimento da mídia, especialmente a televisão", impondo-se, dessa maneira, uma "nova ordem espacial", que é exemplificada pelo "capitalismo do shopping center" (ibidem, p.234-5).

Para Jameson, então, "a mercadoria é sua própria ideologia", e "esta cultura pós-moderna é a 'dominante cultural' do capitalismo recente" (ibidem, p.235). Por essas razões, pode-se concluir que "a região está se fragmentando, tornando-se não tão desorganizada ... quanto deslocada nos termos em que costumamos considerar regiões como áreas contínuas e demarcadas", formando-se mais e mais o que Harvey (1992) chamou de "lugares de mercado", havendo aí também a "espacialização da cultura" (p.239-40).

Thrift (1996, p.242) conclui que é preciso "encontrar novas maneiras de representar as regiões" afiando os "instrumentos de escrita e de leitura" porque "geografia regional é essencial à prática de produzir geografia humana".

A exposição das ideias de Thrift permite-nos também chegar a algumas conclusões. Em primeiro lugar, o quadro que ele organizou pode ser considerado um excelente resumo das ideias dos três pensadores que ele analisa. Em segundo, podemos afirmar que ele, em seu texto, tentou comparar autores que tiveram bases teóricas diferentes (La Blache e Marx), o que levou a uma segmentação de sua narrativa. Em terceiro, se podemos afirmar que sua análise das ideias de Jameson foi bem realizada, ele ultrapassou a busca do conceito de região para se situar na conceituação de globalização. Melhor exercício realizou,[1] como já afirmamos, Oliveira (1977), partindo das evidências empíricas, quando estabeleceu seu conceito de região, ao estudar o Nordeste brasileiro.

Como as relações de poder estão presentes na obra de Oliveira, o conceito de território se impõe, neste momento, como a próximo a ser analisado.

Território

O conceito de território é constantemente confundido com o de espaço por aqueles que ainda não se debruçaram em leituras mais profundas. Neste ensaio, devemos alertar que a distinção e a confusão entre diferentes termos como espaço, região, Estado, em relação ao território, correm por limites muito tênues. Além do mais, não se pode pensar o território a-historicamente, pois sempre que ele é estudado, a categoria tempo comparece de imediato como uma referência necessária. Mas isso não impede uma discussão inicial do conceito de território.

Comecemos com o recurso do dicionário. Johnston, no seu *The Dictionay of Human Geography* (1994, p.620), afirma que território

> é um termo geral utilizado para descrever uma porção do espaço ocupado pela pessoa, grupo ou Estado. Quando associado com o Estado o termo tem duas conotações específicas. A primeira é aquela da soberania territorial, através da qual um Estado reivindica controle de legitimidade exclusivo sobre uma dada área definida por fronteiras claras. A segunda conotação refere-se ao fato de que uma área não está inteiramente incorporada na vida política de um Estado, como acontece

1 A nossa opinião é de que a comparação entre os autores é necessária como exercício epistemológico para a construção de uma metodologia para a discussão e o ensino do pensamento geográfico. A leitura hermenêutica dos textos (mesmo que no momento não nos propomos a detalhar nossa análise) é fundamental para o aprofundamento das diferentes contribuições à Geografia.

> com o território "colonial" do Nordeste da Austrália, ou os territórios do norte do Canadá. Em muitas formas de uso em Geografia Social, o território refere-se a um espaço social definido ocupado e utilizado por diferentes grupos sociais como uma consequência de sua prática de territorialidade ou o campo de força exercitado sobre o espaço pelas instituições dominantes. Deste ponto de vista, o território pode ser utilizado como o *equivalente a cada conceito espacial como* lugar e região.

Juridicamente, podemos dizer que o território se refere à base geográfica de um Estado, sobre o qual ele exerce a sua soberania e que abrange o conjunto dos fenômenos físicos (rios, mares, solos) e dos fenômenos decorrentes das ações da sociedade (cidade, portos, estradas...). Como se pode notar, essa referência mantém paralelo com a primeira conotação citada anteriormente.

Podemos ver, ao longo da história da humanidade, povos sem território, povos nômades, ou como diz Bertrand Badie, na introdução de seu livro *La fin des territoires* (1995, p.8), "identidades múltiplas e geograficamente confinadas, concepções diversas e frequentemente contraditórias das relações do homem com a terra", em comparação com as "normas territoriais ocidentais precocemente construídas".

Assim, temos mais um aspecto a considerar: um território torna-se concreto quando associado à sociedade em termos jurídicos, políticos ou econômicos. Ele compreende recursos minerais, que podem ser classificados por sua quantidade ou sua qualidade, é suporte da infraestrutura de um país, é por sua superfície que os indivíduos de uma nação se deslocam. Ele tem sua verticalidade dependendo da necessidade de se chegar a certas profundidades para a extração de ouro, diamantes etc. Ele vai além da superfície com terra, estendendo-se ao mar, quando este é compreendido nas águas territoriais de um país.

Enfim, o território é fonte de recursos e só assim pode ser compreendido quando enfocado em sua relação com a sociedade e suas relações de produção, o que pode ser identificado pela indústria, pela agricultura, pela mineração, pela circulação de mercadorias etc., ou seja, pelas diferentes maneiras que a sociedade se utiliza para se apropriar e transformar a natureza.

Para a compreensão de um conceito que à primeira vista parece muito simples, acreditamos ser importante lembrar algumas concepções de território muito presentes em Geografia.

Há, largamente difundida, uma concepção naturalista do território, que tem mobilizado nações e exércitos para sua conquista. Quando se encara o território em sua concepção clássica do imperativo funcional, ele termina por se transformar em um elemento da natureza, pelo qual se deve lutar para conquistar ou proteger.

Uma segunda abordagem, mais voltada para o indivíduo, diz respeito à territorialidade e sua apreensão, mesmo que sua consideração carregue forte conotação política. Aí temos o território do indivíduo, seu "espaço" de relações, seu horizonte geográfico, seus limites de deslocamento e de apreensão da realidade. A territorialidade, nesse caso, pertence ao mundo dos sentidos, e portanto da cultura, das interações cuja referência básica é a pessoa e a sua capacidade de se localizar e se deslocar. Assim, o território apresenta-se diferenciado para as comunidades islâmicas, para os curdos (subdivididos na Turquia, na Rússia e no Afeganistão), para os indígenas do Brasil ou para aquelas pessoas que nascem e vivem toda a sua vida sem se deslocar das metrópoles, cuja vivência limita-se à transformação da cidade em seu hábitat.

Uma outra abordagem pode ser identificada quando se confundem os conceitos de território e de espaço. Nesse caso, o primeiro vai além de sua condição de suporte das relações de produção, incorporando-as verticalmente. Isso pode ser abstraído a partir do momento que se considera uma quarta dimensão, aquela definida pelas transformações que a sociedade impõe à natureza. Essa abordagem está presente na obra *Les apories du térritoire*, número especial da revista *EspacesTemps*, em edição especial que procura discutir o conceito de território, mas o faz privilegiando o espaço.

Por fim, é preciso dizer que o território também tem história. Bertrand Badie (1995) busca essa discussão analisando a paz Vestfália, no sul da atual Alemanha, que no século XVII "inaugurou uma ordem territorial rigorosa que não sofreu em seguida nem questionamento nem reversão". Assim, durante mais de três séculos, "a concepção vestfaliana de território foi dominante e, pode-se dizer, geradora de uma ordem internacional que viria à tona" ... como suporte exclusivo das comunidades políticas, marca essencial da competência do Estado. O Estado, nessa abordagem, deve ser enfocado como instrumento eficaz e reconhecido de controle social e político, base incontornável da obediência civil. Nessa perspectiva, o território aparece "como fundador da ordem política moderna, enquanto que sua aventura se confunde largamente com aquela do poder" (ibidem, p.13).

Atualmente, podemos, com as mudanças que ocorrem mundialmente, procurar dois caminhos para a compreensão do território. O primeiro refere-se ao estabelecimento de redes de informação que, com o rápido desenvolvimento tecnológico, permitem a disseminação de informações em frações de tempo, tornando-se significativas por romperem com a barreira da distância – elemento fundamental para a apreensão do território em sua escala individual. Dessa maneira, os territórios perdem fronteiras, mudam de tamanho dependendo do domínio tecnológico de um grupo ou de uma nação, e mudam, consequentemente, sua configuração geográfica.

Ao consultar o atual mapa do mundo, vemos que, mesmo com o desenvolvimento tecnológico que supera distâncias, as fronteiras são mais numerosas e tem aumentado o número de nações que tomam consciência de suas necessidades territoriais. Com a tendência à homogeneização capitalista, a reação das minorias tem se feito ouvir de forma contundente.

Como diz Badie (1995, p.253), a mundialização não apaga os lugares nem "a sacralização da terra e de sua história", pois a busca identitária retoma todo o seu vigor. A ruptura pode ser apontada dentro de uma ordem "que se inscreve dentro de uma história que foi construída no ritmo da invenção territorial", pois desde os limites iniciados pela sociedade feudal, a concepção política do território não para de se reorganizar constantemente e de se tornar um dos elementos codificantes da cena mundial.

O segundo caminho pode ser aquele do questionamento da volta ao indivíduo e sua escala do cotidiano, como formas de apreensão das dimensões territoriais e da capacidade de projetar a liberdade como meio de satisfação das necessidades individuais. A casa, a rua, o ambiente de trabalho, os grupos de pessoas circundantes e tudo aquilo que faz parte do cotidiano torna-se elemento referencial para estudos dessa natureza. Nessa dimensão, o indivíduo pode ganhar em termos de inventividade e de solidariedades novas, tornando-a revolucionária porque é nesse nível que a liberdade se projeta, que a desregulamentação passa pela decisão da pessoa.

É nessa escala que, conclui Badie (1995, p.257-8),

> o fim das mediações territoriais pode anunciar também o surgimento de uma mundialização frustrada e não conduzida diretamente nem à emancipação do indivíduo nem à construção de uma sociedade mundial. A espera desses dois objetivos supõe que a dimensão universalista, que era outrora portadora do princípio da territorialidade, seja reinvestida em outra direção: que o respeito do outro se torne um valor transnacional, num momento em que nenhuma instituição possui os meios de impô-lo pelo constrangimento.

Para esse autor, o mesmo que se queira o fim dos territórios, isso não consagraria "a abolição dos espaços: ao contrário, estes não param, com a mundialização, de ser reavaliados em sua diversidade e em sua flexibilidade" (ibidem, p.253).

De um ponto de vista estruturalista, Milton Santos (1978, p.189) afirma que "um Estado-nação é essencialmente formado de três elementos: 1. O território; 2. Um povo; 3. A soberania. A utilização do território pelo povo cria o espaço. As relações entre o povo e seu espaço e as relações entre os diversos territórios nacionais são reguladas pela função da soberania". Para esse autor, "o território é imutável em seus limites ... não tem forçosamente a mesma extensão através da história ... em um dado momento representa um dado fixo ..." e há a componente poder que, por sua vez, "determina os tipos de relações ente as classes sociais e as formas de ocupação do território" (ibidem, p.189).

Estão claras, essas afirmações, as relações conceitual e diferencial entre espaço e território e a relação direta, historicamente considerada, entre território e poder.

O território, enfim, condição básica e referência histórica para a consolidação e expansão do sistema capitalista, permanece com sua importância como suporte e como materialização das relações sociais de produção, exprimindo com muita força ainda seu caráter político.

Para continuar nosso raciocínio, é necessário acrescentar mais um conceito ao presente debate: o conceito de *descontinuidade*. Para isso, vejamos como dois autores franceses o discutem.[2]

Afirmando que "a descontinuidade compreende-se dentro da continuidade das unidades espaciais das quais cada tipo possui sua forma de limites" (p.18), Gay (1995, p.18) define três diferentes momentos na sua análise desse conceito: o primeiro deles, chamado "fisiostenia" ou "vigor da natureza", mostra que até a Idade Média, "a força da natureza não provinha apenas da ausência de meios suficientemente eficazes para subjugá-la. Ela decorria também do temor de transformá-la", o que dificultava o questionamento da ordem "providencial estabelecida uma vez por todas" (ibidem, p.9).

Baseando-se ainda na antinomia *natureza versus descontinuidade*, o autor lembra o segundo momento, que ele chama de fisiotomia ou "delimitação que se apoia em elementos naturais", que vai da Idade Média ao século XVII, quando "os homens começam a dominar eficazmente a natureza" ao "impô-la como elemento de demarcação política" (ibidem, p.10). Por fim, ele explica sua "tomogenia ou origem das delimitações", para "mostrar toda a complexidade das relações que existem entre o trabalho e os pensamentos dos homens sobre seu redor", pois "os modos de territorialização, como a criação de redes de comunicação ou de apropriação do solo, dependem principalmente de ideias e de projetos sociais". Assim, "as descontinuidades são um bom exemplo, mesmo aquelas que têm uma aparência

---

2 A análise das ideias de Gay (1995) e de Hubert (1993) foi feita a partir de seus textos originais, em francês. A tradução de alguns excertos dessas obras é de nossa inteira responsabilidade.

natural", como uma linha de separação entre dois Estados, considerada como descontinuidade, mesmo que não aparente demarcada pela natureza.

Para resumir as ideias de Gay, podemos dizer que a forma e o papel da natureza estão presentes como fortes elementos constitutivos da organização de sua análise, mesmo que ele lembre alguns outros elementos, como a comunicação e a apropriação do solo. A partir dessa constatação é que deveremos analisar o autor seguinte.

Partindo da releitura da tese de Roger Brunet ("a descontinuidade é a manifestação primordial da organização do espaço geográfico e a compreensão da gênese das descontinuidades, como também a maneira como elas se combinam, é a chave da cientificidade da geografia"), Hubert (1993) diz que o caráter dinâmico endógeno à organização geográfica está presente no fato de "a forma e as descontinuidades dos organismo geográficos emergirem de seu dinamismo". Indo mais além, o autor discute o limite, a escala e a carta como a constatação de uma antinomia[3] (conceito sobre o qual vai insistir sempre), cuja resolução se fará a partir dos estudos de Kant, ao dizer que "os fluxos contribuem a diferenciar a extensão e a reconstituir a descontinuidade" que "deve diferenciar os tipos de fluxos que intervêm no mecanismo (de fluxos de seres humanos ou de matérias) e este deve reorientar aquele, cada um diferentemente na extensão, e conformemente à categorização inicial" (ibidem, p.60-1).

Tentando organizar sua proposição mais claramente, Hubert (1993, p.67) considera a determinação da antinomia um quadro formal *a priori* e expõe sua tese:

> contrariamente ao desenvolvimento sistêmico que toma a existência do objeto geográfico como um dado e encontra um problema para

3 *Antinomia* significa "contradição entre leis": "conflito da razão consigo mesma diante de duas proposições contraditórias, cada uma podendo ser demonstrada separadamente". Na filosofia kantiana, "a antinomia designa o fenômeno de oscilação da tese à antítese, a razão se encontrando diante do enunciado de duas demonstrações contrárias, mas cada uma sendo coerente consigo mesma" (Japiassu & Marcondes, 1990).

> representá-lo como da antinomia, o desenvolvimento estrutural toma a forma do objeto como um *a priori*, e seu problema, que é de demonstrar sua realidade específica, parece poder encontrar uma solução. Quando se adota a representação estrutural em geografia, é a compreensão teórica das descontinuidades verdadeiramente reveladoras do objeto que deve permitir descobri-las a partir da observação empírica do substrato.

Embora, na continuidade de sua obra, o referido autor opte pelo caminho de uma abordagem sistêmico-estruturalista, acreditamos que sua tese, como reflexão para a abordagem do problema, deve ser considerada. Assim, poderíamos repeti-la de uma maneira diferenciada:[4] não é a *forma* do objeto a base de toda a problemática nem sua forma de representação estrutural, mas a *compreensão teórica das descontinuidades* verdadeiramente reveladoras do objeto que deve permitir descobri-las a partir da *observação empírica* do substrato representado pela *dinâmica dos diferentes fluxos de comunicação e suas diferencialidades de localização no território*.

Acreditamos que, uma vez explicitado o recorte territorial de nossa pesquisa empírica e os elementos a ser considerados como fundamentais para a análise, as descontinuidades serão detectadas pelo exercício de comparação entre os dados que se referem à dinâmica dos diferentes fluxos de comunicação e suas diferencialidades de localização no território.

Com a análise da descontinuidade, finalizamos nossa discussão sobre o processo de mundialização/globalização. Acreditamos ter demonstrado como a crise paradigmática está presente no temário da Geografia com os dois exemplos propostos no início deste item: modernização e globalização.

---

4 Neste ponto, procuramos ir além das constatações históricas de Gay (1995, p.14), que se baseiam principalmente nos aspectos naturais das descontinuidades, ao dizer, parafraseando Jean Gottmann, que "se o nosso globo fosse tão liso quanto uma bola de bilhar, a humanidade não estaria dividida enquanto agrupamentos como os Estados de nosso planeta".

Alertamos que a crise paradigmática voltará a comparecer quando estivermos debatendo outros assuntos próprios da Geografia e referências para nossa presente proposta de debate do pensamento geográfico.

Breve conclusão sobre o método e os conceitos

A apresentação do que definimos como método e conceitos, esboçada no Capítulo 1, forneceu as bases necessárias para a sua análise. É preciso, portanto, fazer a relação entre os diferentes conceitos com as contribuições produzidas, historicamente, por vários intelectuais.

O conceito de espaço que comparece no conhecimento geográfico apenas no século XX vai além da Geografia, contendo contribuições, principalmente da Física, que é, por excelência, a área científica que mais contribui para seu avanço. Ele não pode ser enfocado separadamente do tempo nem somente como espaço cósmico, mas em diferentes orientações doutrinárias: sistemas de ações e sistemas de objetos ou reprodução das relações de produção.

O conceito de região, por definição concernente ao conhecimento geográfico, foi sendo elaborado, ao longo do tempo, através das principais ideias concernentes às tendências doutrinárias predominantes: do positivismo clássico, do idealismo, do neopositivismo e do marxismo contemporâneo.

O território, ausente das preocupações geográficas até recentemente, retorna com insistência na última década do século XX como elemento que condiciona as relações de produção.

Todos os três conceitos foram apresentados com base em vários prismas, principalmente pela busca dos principais elementos que os constituíram. Aqui, o método se evidencia mais pela análise do narrador do que pelas várias contribuições que resgatamos.

4
Temas

A crise paradigmática

Como já afirmamos no início desta obra, a ciência ocidental hoje vive uma crise paradigmática que tem levado cientistas a produzir o conhecimento científico com preocupações maiores de alcançar os resultados objetivos e apontar para as suas possibilidades de aplicação, em vez de se preocupar em fazer suas leituras da realidade com o rigor filosófico necessário para a compreensão da amplitude do poder que a ciência passou a exercer na transformação da realidade.

Dessa forma, vivemos, no século XX, muito mais uma preocupação com o fazer, com o alcançar resultados práticos, do que com o refletir. Essa afirmação pode parecer uma "recaída iluminista", mas seria no mínimo inconsequente de nossa parte olvidar e negligenciar os pressupostos iluministas que estão presentes na ciência produzida no Ocidente, desde o século XVII, e os pressupostos elaborados durante o Renascimento.

As mudanças paradigmáticas que atualmente, no momento em que alguns teóricos chamam de pós-modernidade, mostram um descompasso entre tempo e espaço, entre indivíduo e coletividade, por exemplo, é uma crise filosófica na produção do conhecimento pela qual se buscam novas referências para sua própria compreensão.

As ideias vão surgindo e em pouco tempo tornam-se "clássicas" pela sua rápida "substituição" por outras.

Com isso, queremos afirmar que a ciência, atualmente, assume um caráter prático que transcende a reflexão epistemológica do conhecimento. Essa transcendência pode emergir, por um lado, como uma cortina mistificadora, de um conhecimento que não se compreende e que não pode ser decomposto nem explicado nas escolas e nos grupos de investigação, e, por outro, como um ente superior que aponta suas "necessidades" e sujeita o ser humano a produzir, cada vez mais, o conhecimento para as finalidades externas à humanidade, ou seja, aquelas voltadas para interesses particulares.

No primeiro caso, a ignorância passa a ser o estado mais contundente e que imprime uma dinâmica de fuga, de esquecimento e de mistificação dos fenômenos mais simples do cotidiano, alçando-os a uma percepção religiosa.

No segundo, o domínio do conhecimento (tanto das ciências físicas – na produção de armas, por exemplo – como das humanas – na concepção de modelos econômicos segregacionistas, por exemplo) e sua apropriação por pequena parcela de pessoas levam alguns a tratar o conhecimento como simples fonte de lucro ou como uma mercadoria e reproduzir, de qualquer maneira, não importando a finalidade, o conhecimento existente em busca de uma superação ingênua das contradições da realidade.

Com esse prólogo, queremos deixar clara a nossa posição: a ciência é importante para a humanidade e, por intermédio dela, pode-se conseguir uma melhor qualidade de vida. No entanto, é preciso, antes de mais nada, uma reflexão consistente sobre a sua finalidade. E essa finalidade só pode ser vislumbrada, a nosso ver, a partir da epistemologia do conhecimento elaborado, mesmo que seja impossível, dada a complexidade da ciência e da extensão atual da produção científica, uma abrangência da totalidade desse conhecimento.

Para compreender a crise paradigmática, tomaremos como ponto de partida três temas. Os dois primeiros podem ser considerados conceitos em elaboração: *modernidade* e *globalização*; o terceiro, que também pode ser muito útil para a epistemologia e o ensino do pensamento geográfico, reporta-se à rica e densa história da Associação dos Geógrafos Brasileiros (AGB), desde que seja abordado, a nosso ver, *o que* foi e *por quem* foi tratado qualquer assunto em seus eventos.

Modernidade

Inicialmente, nosso exercício será analisar o conceito de *modernidade*,[1] que representa um momento mais recente na geografia, quando ela incorporou novos temas, especialmente a partir dos anos 1980.

Com esse tema incorporaram-se principalmente à discussão geográfica as ideias de filósofos, sociólogos e antropólogos, o que pode ser comprovado pela proliferação das comunicações em encontros de geógrafos, pelo número de teses e dissertações e pelas publicações de geógrafos que passaram a abordar esse tema.

Um dos pioneiros, Marshall Berman, em sua obra *Tudo que é sólido desmancha no ar* (1990, p.15), introduz o tema dizendo que

> existe um tipo de experiência vital – experiência de tempo e espaço, de si mesmo e dos outros, das possibilidades e perigos da vida – que é compartilhada por homens e mulheres em todo o mundo, hoje ... ser moderno é encontrar-se em um ambiente que promete aventura, poder, alegria, crescimento e auto-transformação das coisas em redor – mas ao mesmo tempo ameaça destruir tudo o que temos, tudo o que sabemos, tudo o que somos. A experiência ambiental da modernidade anula todas as fronteiras geográficas e raciais, de classe e nacionalidade, de religião e ideologia: nesse sentido, pode-se dizer que a modernidade une a espécie humana. Porém, é uma unidade paradoxal, uma unidade de desunidade: ela nos despeja a todos num turbilhão de permanente desintegração e mudança, de luta e contradição, de ambiguidade e angústia.

---

1 Para a abordagem desse tema, vamos retomar as principais ideias já apontadas no texto *Metodologia de ensino do pensamento geográfico* já citado anteriormente.

Anthony Giddens (1991, p.11), no livro *As consequências da modernidade,* diz o seguinte:

> "modernidade" refere-se a estilo, costume de vida ou organização social que emergiram na Europa a partir do século XVII e que ultimamente se tornaram mais ou menos mundiais em sua influência. Isso associa a modernidade a um período de tempo e a uma localização geográfica inicial...

Ao período moderno, associa-se uma "descontinuidade específica" ou o "conjunto de descontinuidades", exemplificado pelo: a) ritmo de mudança (óbvio quando se fala de tecnologia); b) pelo escopo da mudança, que atinge toda a superfície da Terra; e c) pela natureza intrínseca das instituições modernas, que não apareceram em períodos históricos precedentes: por exemplo, a noção de Estado-nação e a transformação de produto e trabalho humano em mercadoria (ibidem, p.11).

Um terceiro autor não geógrafo que podemos citar é Walter Benjamin,[2] que não refletiu sobre modernidade, mas que escreveu sobre certos aspectos dentro da modernidade, interpretando a história que "gerou" sua época, baseando-se em três afirmações: a) a modernidade, como ela se deu, representa o reino do mito e não o do descontentamento, porque o capitalismo submeteu a coletividade a uma espécie de "sono", não conhecendo a história, pois a recebe como "sempre igual e como sempre novo" – uma noção de tempo está implícita nessa afirmação; b) "na batalha entre a razão e o mito, ele se coloca sem ambiguidade do lado da primeira", pois instaura-se "uma nova relação com a natureza". Assim, apesar do progresso ser representado como mito, a interpretação desse processo deve ser racional, pois "a razão deve tornar transitáveis todos os terrenos, limpando-os dos arbustos da demência e do mito", "abrindo caminhos", diferenciando o mito da utopia e aceitando "sem dificuldade a ino-

---

2 Utilizamos, para este ensaio, o texto que Sérgio Paulo Rouanet publicou no jornal *Folha de S.Paulo* em 13.7.1992, p.6-4.

vação tecnológica"; c) não há, por parte de Benjamin, a "aceitação do mundo moderno como destino", mas antes de tudo, há o desafio ao "destino", para tentar romper o *continuum*.

Outro autor que discute o assunto é Renato Ortiz, no texto *Cultura e modernidade* (1991). Ele acrescenta uma ideia mais totalizante, ao afirmar que "a modernidade constitui um sistema no qual as partes são interligadas entre si", pois para ela, "à racionalidade da coletividade, fruto do industrialismo" deve-se acrescentar a noção de sistema, no qual a "regência do tempo é essencial" para que o "fluxo no seu interior se faça de maneira ordenada". Essa abstração baseia-se em Benjamin, que já havia percebido que a "modernidade encontra-se ancorada num substrato material, sem o qual ela não poderia se expressar" (ibidem, p.242).

Kumar (1997, p.79), ao confrontar os termos *modernidade* e *modernismo*, afirma que, embora eles possam ser tomados um pelo outro, as diferenças têm que ser observadas. Assim, modernidade é "uma designação abrangente de todas as mudanças – intelectuais, sociais e políticas – que criaram o mundo moderno". Por sua vez, "modernismo é um movimento cultural que surgiu no Ocidente em fins do século XIX e, para complicar ainda mais a questão, constituiu, em alguns aspectos, uma reação crítica à modernidade".

Na Geografia, Gomes (1996) mergulha no tema em seu livro *Geografia e modernidade*. Inicialmente, abordando a ciência como palavra-chave, ele lembra Feyerabend como proponente de uma teoria científica anarquista porque "se insurge contra os modelos da ciência convencional diagnosticando a falta de criatividade e os múltiplos obstáculos da estrutura científica, que prefere reproduzir um saber sem surpresas, fundado na ordem e na lei".

Para Feyerabend, "as grandes inovações teóricas são muito mais fruto do acaso do que da ordem" e "todos os métodos convencionais são falaciosos e o poder universal da razão um logro". Além do mais, "existe um irracionalismo na base do saber que precisa ser considerado e a dicotomia tradicional, ciência/razão versus mito/magia/religião, não passa de uma ideologia autoritária que confere à ciência ... a exclusividade do conhecimento". Por fim, ele diz que o "mito e a razão devem, pois, manter relações de reciprocidade no seio de uma epistemologia anarquista" (ibidem, p.23).

A introdução da hermenêutica nas ciências sociais, nos anos 1990, tenderia a "substituir os idiomas do marxismo e do estruturalismo, globalizantes doutrinários e autoritários, que foram predominantes nos anos precedentes" (Vattimo, apud Gomes, 1996, p.24).

Sem se preocupar com demarcação temporal do que considera modernidade, Gomes (1996, p.28) afirma que "um dos traços mais marcantes dessa época [a modernidade] foi o novo lugar conferido à ciência". O discurso do saber é "talvez o mais importante" referencial para se compreender a modernidade.

Mesmo que o par novo/tradicional já esteja presente na ciência, é na modernidade que ele se constitui "em um verdadeiro sistema de valores". Esses dois polos exprimem uma "forma diferente de conceber a ciência", justificada pelo método mas contendo diferenças metodológicas que permitem vislumbrar suas "individualidades epistemológicas" (ibidem, p.29).

O primeiro polo é caracterizado pela universalidade da razão, cuja primazia fundamental cabe ao método lógico racional e que busca construir sistemas explicativos sendo, portanto, normativo: pode ser resumido pela palavra Iluminismo. O segundo polo parte de posições antirracionalistas, valoriza o particular e a riqueza da diversidade dos fenômenos, sem ordem regular ou lógica, considerando várias vias para a constituição do saber (incluindo a concepção racionalista) e pode ser identificado com a palavra Romantismo (ibidem, p.30-5).

As opiniões são infindáveis e diferenciadas. Habermas (apud Gomes, 1996, p.26) lembra que "não seria o pós-moderno exatamente um *slogan* que permite incorporar sub-repticiamente a herança das reações que a modernidade cultural recebeu contra ela desde meados do século XX?".

As diferenciações vão mais além: já há debates sobre o pós-modernismo e o hipermodernismo. É ainda Gomes (1996, p.27) quem lembra o hipermodernismo de A. Pred, na Geografia, o qual afirma ser o pós-modernismo inexato, acrítico, decepcionante e, por conseguinte, "o rótulo de uma época politicamente perigosa no mundo contemporâneo". Com isso, pretende-se "restaurar o primado da razão" considerando a pós-modernidade apenas um breve momento de ruptura ou "suplementar" na "marcha da modernidade".

Parafraseando Jean Baudrillard, Gomes (1995, p.51) afirma que "a modernidade não é 'nem um conceito sociológico, nem um conceito político, nem propriamente um conceito histórico; é um modo de civilização característico, que se opõe ao modo da tradição, ou seja, a todas as outras culturas anteriores ou tradicionais".

Mesmo que estejamos falando de um tema bastante debatido na Geografia, ele encontra necessariamente alguns obstáculos para a sua própria identificação. Um deles é a sua delimitação cronológica. Para Gomes, a identidade do período moderno evidenciou-se "mais claramente por volta do século XVII e ao longo do século XVIII", comumente associada ao Iluminismo. Outro obstáculo refere-se à delimitação espacial. Há uma nova ordem que se elabora e se difunde rapidamente a partir da Europa Ocidental, mas que não se restringe, posteriormente, apenas a ela (ibidem, p.52-4).

Vamos continuar apresentando algumas ideias de outros autores que discutiram o conceito de modernidade. Parafraseando Baudelaire, David Harvey, em seu livro *Condição pós-moderna* (1992, p.21), afirma que a modernidade "é o transitório, o fugidio, o contingente; é uma metade da arte, sendo a outra o eterno e o imutável". Em seguida, partindo de Berman, esse autor afirma que "vários escritores de diferentes lugares e épocas ... enfrentaram e tentaram lidar com essa sensação avassaladora de fragmentação, efemeridade e mudança caótica" (ibidem, p.21).

Em seguida, Harvey (1989, p.22) questiona:

> se a vida moderna está de fato tão permeada pelo sentido do fugidio, do efêmero, do fragmentário e do contingente, há algumas profundas consequências. Para começar, a modernidade não pode respeitar sequer o seu próprio passado, para não falar do de qualquer ordem social pré-moderna. A transitoriedade das coisas dificulta a preservação de todo sentido de continuidade histórica. Se há algum sentido na história, há que descobri-lo e defini-lo a partir de dentro do turbilhão da mudança,

> um turbilhão que afeta tanto os termos da discussão como o que está sendo discutido.

O projeto de modernidade não é novo. Para Harvey, ele evidenciou-se no século XVIII. Esse projeto baseava-se nos pensadores iluministas e apontava para a busca da "emancipação humana e do enriquecimento da vida diária". Para isso, iria contribuir o "domínio científico da natureza", que permitiria a "liberdade da escassez, da necessidade e da arbitrariedade das calamidades naturais" através do "desenvolvimento de formas racionais de organização social e de modos racionais de pensamento" que prometiam "a libertação das irracionalidades e do mito, da religião, da superstição, liberação do uso arbitrário do poder, bem como do lado sombrio da nossa própria natureza humana" (ibidem, p.23) a partir da ideia de progresso.

Outro elemento importante para a compreensão da modernidade é a imagem da "destruição criativa", que pode ser exemplificada por vários personagens reais e fictícios, como o *Fausto* de Goethe, "um herói épico preparado para destruir mitos religiosos, valores tradicionais e modos de vida costumeiros para construir um admirável mundo novo a partir das cinzas do antigo"; como Haussmann, que modificou o plano urbano de Paris no final do século XIX ou como o *empreendedor capitalista* definido por Schumpeter, porque "estava preparado para levar a extremos vitais as consequências da inovação técnica e social" porque "a destruição criativa era o *leitmotif* progressista do desenvolvimento capitalista benevolente" (ibidem, p.26).

Por fim, parece que

> o modernismo, depois de 1848, era em larga medida um fenômeno urbano, tendo existido num relacionamento inquieto, mas complexo com a experiência do crescimento urbano explosivo ... da forte migração para os centros urbanos, da industrialização, da reorganização maciça dos ambientes construídos e de movimentos urbanos de base política de que os levantes revolucionários de Paris em 1848 e 1871 eram símbolo claro, mas agourento. (ibidem, p.33-4)

Quando se fala no século XX, no período entre-guerras, o modernismo assumiu "uma forte tendência positivista", baseando-se na doutrina do positivismo lógico, que "era tão compatível com as práticas da arquitetura modernista quanto com o avanço de todas as formas de ciência como avatares do controle técnico". Isso apontaria, necessariamente, para sua própria limitação, porque o colocava propenso "à perversão e ao abuso" (ibidem, p.39), como acabou acontecendo com a ideologia reacionária do nazismo.

Para Echeverría (1995, p.135), "nossa vida se desenvolve dentro da modernidade, imersa em um processo único, universal e constante que é o processo de modernização". Por isso, "por modernidade haveria que se entender o caráter peculiar de uma forma histórica de totalização civilizatória da vida humana. Por capitalismo, uma forma ou modo de reprodução da vida econômica do ser humano" (ibidem, p.138).

Partindo do pressuposto de que houve várias ondas de modernização do mundo, uma delas, a mais importante e atual, aquela que emerge do expansionismo mercantil espanhol a partir dos grandes descobrimentos, Echeverría (1995, p.143) afirma que

> de todas as modernidades efetivas que conheceu a história, a mais funcional, a que parece ter desdobrado de maneira mais ampla suas potencialidades, foi até agora a modernidade do capitalismo industrial maquinizado de corte norte-europeu: aquela que, desde o século XVI até nossos dias, se conforma em torno do dado radical da subordinação do processo de produção/consumo ao "capitalismo" como forma peculiar de acumulação da riqueza mercantil.

Para Echeverría, a vida moderna teria os seguintes traços característicos:

1 O *humanismo*, "que afirma uma ordem e impõe uma civilização que têm sua origem no triunfo aparentemente definitivo da técnica racionalizada sobre a técnica mágica", como se fosse a "morte da primeira metade de Deus".

2 O *racionalismo* moderno pode ser explicado como sendo "a redução da especificidade do humano ao desenvolvimento da facul-

dade raciocinante e a redução desta ao modo em que ela se realiza na prática puramente técnica ou instrumentalizadora do mundo".

3 O *progressismo*, que se baseia na historicidade como "característica essencial da atividade social" e dos dois processos (coincidentes e contrapostos) que a constituem: "o processo de in-novação ou substituição do velho pelo novo e o processo de re-novação ou restauração do velho como novo", prevalecendo-se, pela ótica do historicismo, o primeiro sobre o segundo.

4 O *urbanicismo* caracteriza-se pela "grande cidade como recinto exclusivo do humano", concentrando "no plano geográfico os quatro núcleos principais de gravitação da atividade social especificamente moderna: a) o da industrialização do trabalho produtivo; b) o da potenciação comercial e financeira da circulação mercantil; c) o da colocação em crise e a refuncionalização das culturas tradicionais; e d) o da estatalização nacionalista da atividade política".

5 O *individualismo*, como "processo de socialização dos indivíduos, de seu reconhecimento e inclusão como membros funcionalizáveis do gênero humano", através da constituição de sua "identidade individual" baseada na apropriação privada de mercadorias.

6 O *economicismo* "consiste no predomínio determinante da dimensão civil da vida social ... sobre a dimensão política da mesma" e se origina na "oportunidade que abre o fundamento da modernidade de alcançar a igualdade, na possibilidade de romper com a transcrição tradicionalmente inevitável das diferenças qualitativas interindividuais como gradações na escala de uma hierarquia do poder" reproduzindo, "sistematicamente, a desigualdade" (ibidem, p.149-56).

Nas três últimas décadas do século XX passou-se a falar *de pós-modernismo*. Para Huyssens, citado por Harvey (1992), isso decorre de "uma notável mutação na sensibilidade, nas práticas e nas formações discursivas que distingue um conjunto pós-moderno de pressupostos, experiências e proposições do de dum período precedente" (p.45). Essa tendência é demonstrada no romance, que aponta para uma dissolução entre ficção e ficção científica e que presencia um "projeto teológico" que busca "reafirmar a vontade de Deus sem abandonar os poderes da razão" (p.46-7).

O pós-modernismo, que procuraria exprimir a "estética da diversidade" quando se trata de arquitetura e traçado urbano, teria algumas características identificáveis: 1) "a aceitação do efêmero, do fragmentário, do descontínuo e do caótico que formavam uma metade do conceito baudelairiano de modernidade"; 2) "há uma constante e contínua separação e reunião em novas combinações", mostrando o "campo total do pós-modernismo como 'uma representação destilada de todo o mundo antagônico e voraz da alteridade'"; 3) a possibilidade de um descontrucionismo – proposto por Jacques Derrida – através da linguagem, identificado principalmente no romance; 4) a força do pragmatismo, que se torna "então a única filosofia de ação possível", obstruindo a possibilidade de engajamento social em um projeto global (p.49-58); 5) como afirma Jameson, "há uma falta de profundidade em boa parte da produção cultural contemporânea, quanto à sua fixação nas aparências, nas superfícies e nos impactos imediatos que, com o tempo, não têm sustentação", baseando-se na tese de que "o pós-modernismo não é senão a lógica cultural do capitalismo avançado" (p.59-60).

David Harvey elaborou um quadro comparando as características do modernismo e do pós-modernismo. Desse quadro, destacamos alguns elementos que consideramos concernentes a uma discussão geográfica dos referidos conceitos, apresentados no Quadro 5.

Quadro 5 – Características do modernismo e do pós-modernismo

Modernismo	Pós-modernismo
forma (conjuntiva, fechada)	antiforma (disjuntiva, aberta)
propósito	jogo
projeto	acaso
hierarquia	anarquia
distância	participação
criação/totalização/síntese	descrição/desconstrução/antítese
presença	ausência
centração	dispersão
gênero/fronteira	texto/intertexto
semântica	retórica

continuação

paradigma	sintagma
seleção	combinação
metáfora	metonímia
raiz/profundidade	rizoma/superfície
interpretação/leitura	contra a intepretação / desleitura
significado	significante
origem/causa	diferença/vestígio
Deus Pai	Espírito Santo
metafísica	ironia
determinação	indeterminação
transcendência	imanência

Fonte: Hassan apud Harvey (1992).

O pós-modernismo, para Foster (1995) "como forma geral de pensamento, apresenta uma tendência antitotalizante, antigeneralizante, no tocante à sociedade, rejeitando não tanto a narrativa *per se*, mas todos os tipos de narrativas grandiosas ... optando, em vez disso, por uma abordagem descentralizada, caótica mesmo, da sociedade, que é vista como inerentemente fragmentada" (p.197), havendo, no século XX, uma "crescente aversão" em relação a "qualquer ideia de história 'objetiva'". Essa aversão seria resultado da "propensão do século XIX de considerar a história em termos teleológicos, como corporificando formas definidas e inexoráveis de progresso humano" (p.200).

Os pós-modernistas afastaram-se do debate decorrente dos desdobramentos do marxismo, numa atitude que beira ao niilismo, "argumentando que a própria razão é vulnerável à dúvida..." (p.202).

Indo mais longe e fazendo uma crítica bastante severa a esta tendência, Foster (1995, p.205) afirma que

> abandonar inteiramente o conceito de progresso, no sentido mais geral da possibilidade de emancipação humana possível, implicaria apenas submeter-se aos desejos dos poderes constituídos. Esse desengajamento político de intelectuais da esquerda na época atual só poderia significar uma coisa: obediência total ao capitalismo.

Após fazer uma leitura crítica de Lefèbvre, Foucault, Berger e Mandel, Soja (1993, p.78) afirma que a espacialidade por eles estudada, desde a época da Grande Depressão econômica na década de 1930 até os anos 60, com o início de uma reestruturação de várias esferas da vida social, é reconhecida porque "mais o espaço que o tempo oculta as coisas de nós" e que ela pode ser instrumentalizada pelo poder como chave para seu "sentido prático, político e teórico" na atualidade.

Os autores analisados foram relacionados com diferentes visões da espacialidade. A primeira delas foi chamada de "pós-historicismo" e "enraíza-se numa reformulação fundamental da natureza e da conceituação do ser social, numa luta essencialmente ontológica para reequilibrar a interação interpretável entre a história, a geografia e a sociedade", refirmando que o "espaço emerge contrariando um historicismo ontológico que privilegiou a constituição separada do ser no tempo, pelo menos desde o século passado" (Foster, 1999, p.79).

A segunda espacialização corresponde à "quarta modernização" do capitalismo, "à fase mais recente da reestruturação socioespacial de longo alcance que se seguiu ao término do longo surto de crescimento econômico do pós-guerra" e que corresponde ao "pós-fordismo". A terceira espacialização define-se pela "emergência de uma nova cultura pós-moderna do espaço e do tempo" em "sintonia com as mudanças na maneira como pensamos e reagimos às particularidades ... do momento contemporâneo, através da ciência, da arte, da filosofia e dos programas de ação política" (ibidem, p.79).

Essas três espacializações confluem na obra de Fredric Jameson, que afirma:

> o espaço pós-moderno (ou multinacional) não é simplesmente uma ideologia ou uma fantasia cultural, mas tem uma realidade histórica (e socioeconômica) autêntica, como terceira grande expansão original do capitalismo no globo ... a concepção do espaço aqui desenvolvida sugere que um modelo de cultura política adequado a nossa situação terá, necessariamente, que levantar questões espaciais como sua preocupação organizadora fundamental. (Jameson, 1984, p.88-9, apud Soja, 1993, p.79-80).

E como é que se colocaria a Geografia nesse contexto? Para buscar um raciocínio possível, vamos nos reportar a Gomes (1996) que, baseando-se em Paul Claval, fala de três grandes cortes no pensamento geográfico.

O primeiro deles "corresponde à transformação trazida pelo triunfo do espírito naturalista no final do século XVIII". O segundo situou-se no final do século XIX e "corresponde ao momento de institucionalização da disciplina e foi marcado por uma compartimentação do saber geográfico", com a afirmação das geografias física e regional. O terceiro corte "foi aquele vivido nos anos 50 e correspondeu à transformação da geografia em uma ciência social" (p.46).

Estabelecendo a leitura da modernidade pela proposta metodológica que fizemos no primeiro capítulo, pelas suas características de "alienação técnica", proposta por Henri Lefèbvre, no livro *Introdução à modernidade,* de 1969, ela se consolida concomitantemente à elaboração do método fenomenológico, cujas bases são a subjetivação e a racionalização. Para esse autor, o que é moderno está subjacente ao desenvolvimento desigual e comparece também como limite ao capital.

Se podemos pensar diferentemente de Giddens (1991, p.27), afirmando que a modernidade não significa, em hipótese alguma, a "aniquilação do lugar", temos que admitir que esse fenômeno vai aos poucos, como que por osmose, se infiltrando nos interstícios sociais e mostrando novas características que só se implementam por causa do implemento que o capitalismo oferece às suas forças produtivas.

Por isso, podemos dizer que aqui voltamos ao início do nosso debate sobre o tema: é só estabelecer alguns parâmetros para a discussão do pensamento geográfico e deparamos com seu aspecto contraditório em seguida. Se partirmos da modernidade, sua negação emerge imediatamente mediante os pressupostos não racionalistas do romantismo.

Essa interpretação dialética da modernidade baseia-se na sua concepção histórica e nas evidências empíricas que podem demonstrar as transformações que ocorreram, principalmente, no século XX.

A mudança paradigmática que agora apontamos remete à discussão de outro conceito importante para a Geografia: o globalização.

Globalização / mundialização

Com esse mesmo encaminhamento de raciocínio, vamos examinar outro conceito que se constrói na Geografia e que ocupou, na década de 1990, lugar de destaque no pensamento geográfico. Esse outro conceito é o de *globalização.*

Inicialmente, consideramos importante confrontar os termos *mundialização* e *globalização,*[3] diferenciando-os e definindo-os para que fiquem mais claras as afirmações posteriores. Entendemos por *mundialização* aquilo que se refere basicamente à tendência de expansão das relações capitalistas de produção e sua capacidade de tentar impô-las em todos os lugares do mundo; por sua vez, *globalização* refere-se à tendência na homogeneização de usos e costumes, com a predominância de meios de comunicação que podem inibir qualquer reação ou crítica individualizada, distante da padronização imposta.

Como exemplos de *mundialização*, poderíamos citar as operações concomitantes em diferentes bolsas de valores pelo mundo, provocando variações imediatas em vários países do mundo, dependendo das atuações de certos atores econômicos; a concentração do controle de firmas e redes em alguns países; a ampliação dos mecanismos de reprodução financeira sem a necessidade de se ancorar em atividades produtivas.

Assim, podemos dizer que, mesmo que seja visível essa tendência, ela traz consigo sua própria negação: a expansão financeira em escala mundial tem exigido, inversamente, alto grau de concentra-

---

3 Tomamos como base para o início de nossa discussão o artigo intitulado "Dinâmica econômica, descontinuidade e território", publicado na *Revista de Geografia*, da AGB, Seção Local de Dourados, MS, n.4, de set.-dez. 1996, p.54-70. Extrairemos nossas ideias das páginas 55-6 e 64-8.

ção do capital em alguns países e sua apropriação por um número cada vez menor de grandes corporações, por um lado, e por outro, uma inércia crescente do capital rentista substituindo atividades produtivas, provocada pelo aumento da concentração financeira e pela "hibernação" de grandes quantidades de capital no sistema financeiro internacional.

Essa conceituação originou-se na França, a partir da proposta, de alguns intelectuais, ligados à Economia, de situar esse país no contexto de fluxos financeiros internacionais, cuja principal base é a ideia de economia-mundo de Fernand Braudel.

Como exemplos de *globalização*, por sua vez, poderíamos citar o aumento da padronização de certos consumos (bebidas como Coca-Cola, Pesi-Cola. As marcas de veículos mais conhecidas e a expansão das redes de revendas e de oficinas. A possibilidade da transmissão simultânea de eventos via satélite – as Olimpíadas, vistas simultaneamente por quase dois bilhões de pessoas; a cristalização de certos modelos de referência – o consumo dos países mais adiantados, a vulgarização e a imposição de produtos "pasteurizados", como a música etc.); e a tendência à urbanização como forma de hábitat.[4]

Várias dessas características já estão presentes nas cidades de 1960 e 1970, mas a sua expansão torna-se mais facilitada, por um lado, após a "queda do muro de Berlim", que muda as relações políticas entre grandes potências mundiais, ao terminar com a chamada "guerra fria"; por outro, o avanço das formas de comunicação *on-line* foi possível com as modernas tecnologias.

Esse conceito emergiu com as ideias da Sociologia americana, no final dos anos 1980, cujas preocupações estavam mais ligadas à expansão do *american way of life* e suas diferentes manifestações em outros países.

Deve ficar claro também que essas duas tendências não ocorrem por acaso, pois o desenvolvimento tecnológico e o aumento quantitativo da capacidade de acesso a elas estão na base de sua expansão.

---

4 A cidade como forma de hábitat é um assunto que não será desenvolvido neste texto.

Temos ainda que relembrar que *mundialização* e *globalização* trazem consigo as possibilidades de reações localizadas, como as subdivisões de países baseadas em aspectos culturais; o advento de novas "soluções" localizadas para as crises também localizadas; o desenvolvimento do misticismo como alternativa ao não entendimento das determinações capitalistas; o desenvolvimento de alternativas de comunicação, em grupos menores – a linguagem falada: atualmente, o galego, o catalão e o basco são ensinados nas escolas de suas respectivas regiões espanholas simultaneamente ao espanhol – em oposição à uniformidade de padrões etc. Enfim, não podemos entender a mundialização e a globalização como processos rápidos e simplificadores no plano teórico, mesmo que pareçam no momento inexoráveis.

Continuando a estocar argumentos para a discussão do termo, lembramos que Petrella (1996), atendo-se à globalização, elabora as sete definições que aparecem no Quadro 6, as quais incorporamos pela importância para a discussão do conceito.

Milton Santos (1996, p.37) afirma que

> o processo de globalização, em sua fase atual, revela uma vontade de fundar o Domínio do mundo na associação entre grandes organizações e uma tecnologia cegamente utilizada. Mas a realidade dos territórios e as contingência do "meio associado" asseguram a impossibilidade da desejada homogeneização.

Para Santos, "o conteúdo técnico do espaço é, em si mesmo, obrigatoriamente um conteúdo em tempo – o tempo das coisas – sobre o qual vêm agir outras manifestações do tempo, por exemplo, o tempo como ação e o tempo como norma. Não é que esta suprima o espaço e o tempo, apenas os altera em sua textura, e pode também alterá-los em sua duração" (ibidem, p.38). Por essas razões, espaço e tempo devem ser tratados "segundo parâmetros comparáveis" (ibidem, p.44).

Associando tempo, espaço e mundo, Santos afirma que eles são "realidades históricas, que deve ser mutuamente conversíveis, se a nossa preocupação epistemológica é totalizante", acrescentando-se aí a *técnica*, que entra "como um traço de união, historicamente e epistemologicamente" (ibidem, p.44). Daí, poder-se afirmar que "o espaço é formado de objetos técnicos" (ibidem, p.45).

Quadro 6 – Definições de globalização*

Categoria	Elementos ou processos fundamentais
Globalização das finanças e do capital	Desregulação dos mercados financeiros, mobilidade internacional do capital, auge das fusões e aquisições. A globalização do acionariado está em sua fase inicial.
Globalização dos mercados e estratégias, e especialmente da competência	Integração de atividades empresariais em escala mundial, estabelecimento de operações integradas no estrangeiro (incluída P&D e financiação), busca de componentes e de alianças estratégicas em nível mundial.
Globalização da tecnologia, da P&D** e dos conhecimentos correspondentes	A tecnologia é a enzima essencial: a expansão das tecnologias da informação e da comunicação facilita o desenvolvimento de redes mundiais no seio de uma companhia e entre diferentes companhias. A globalização como processo de universalização do "toyotismo" na produção.
Globalização das formas de vida e dos modelos de consumo, globalização da cultura	Transferência e transplante das formas de vida predominantes. Igualização dos modelos de consumo. Importância dos meios de comunicação. Transformação da cultura em "alimento cultural" e em "produtos culturais". Aplicação das normas do GATT aos intercâmbios culturais.
Globalização das competências reguladoras e da governança***	Diminuição do papel dos governos e parlamentos nacionais. Tentativas de desenho de uma nova geração de normas e instituições para a governança do mundo.
Globalização como unificação política do mundo	Análise, centrada nos Estados, da integração das sociedades mundiais em um sistema político e econômico liderado por um poder central.

continuação

Categoria	Elementos ou processos fundamentais
Globalização das percepções e consciência planetária	Processos socioculturais centrados em torno de "uma só Terra". Movimentos globalizadores. Cidadãos do mundo.

* Petrella, em seu quadro original, fala em *conceptos de globalización*. Partindo do pressuposto de que ele elaborou apenas um quadro com diferentes definições de globalização, decidimos assim manter a tradução do quadro.

** P&D = Pesquisa e desenvolvimento

*** Governança = neologismo de origem inglesa cujo significado procura incorporar a ideia de governabilidade mais as condições culturais e conjunturais específicas de um momento e da unidade considerada (município, Estado-nação...). No quadro de Petrella, a palavra em espanhol é *gobernación*. A nossa tradução foi elaborada procurando a correspondência mais próxima dos termos em línguas diferentes.

Fonte: Petrella (1996, p.52), que revisou e ampliou o quadro extraído da tese de doutoramento de W. Ruigrok e R. van Tulder, intitulada *The ideology of interdependece*, Universidade de Amsterdã, 1993.

Trabalhando aquilo que chamou de *metáforas da globalização*, Octavio Ianni, em seu livro *Teorias da globalização* (1996, p.15), parafraseia Renato Ortiz ao dizer que as metáforas "revelam uma realidade emergente ainda fugidia ao horizonte das ciências sociais".

As metáforas, justificadas pelo fato de que "desvendam traços fundamentais das configurações e movimentos da sociedade global" e de que estão "sempre presentes no pensamento científico", combinando "reflexão e imaginação" e "desvendando o pathos escondido nos movimentos da história", entrando em "diálogo umas com as outras, múltiplas, plurais, polifônicas" (ibidem, p.22), poderiam ser assim denominadas:

Aldeia global – essa denominação funciona como uma referência para a ideia de que se formou "a comunidade mundial", concretizada com as realizações e as "possibilidades de comunicação, informação e fabulação abertas pela eletrônica", estando em curso "a harmonização e a homogeneização progressivas", numa época em que se "empacotam e vendem-se as informações" (ibidem, p.16).

Fábrica global – essa metáfora sugere "uma transformação quantitativa e qualitativa do capitalismo além de todas as fronteiras, subsumindo formal ou realmente todas as outras formas de organização social e técnica do trabalho, da produção e reprodução ampliada do capital". A fábrica global "dissolve fronteiras, agiliza os mercados, generaliza o consumismo" e "provoca a desterritorialização e reterritorialização das coisas, gentes e ideias", promovendo "o redimensionamento de espaços e tempos" (ibidem, p.17). Essa metáfora se apresenta também como realidade comprovada pelas "exigências da reprodução ampliada do capital" através de sua "concentração e centralização" (ibidem, p.19).

Nave espacial – pode ser o "produto mais acabado" da "razão iluminista", prenunciando o século XXI, conotando "o declínio do indivíduo" com a ocorrência da "tecnificação das relações sociais que se universaliza em todos os níveis no reino da 'racionalidade instrumental'". Ao mesmo tempo que o modo capitalista de produção expande-se pelo mundo, também "generaliza-se a racionalidade formal e real inerente ao modo de operação de mercado, da empresa, do aparelho estatal, do capital, da administração das coisas, de gentes e ideias, tudo isso codificado nos princípios do direito" (p.20).

Torre de babel – essa metáfora emerge a partir da ideia de um espaço caótico, revelando muito mais que há algo de trágico no processo de globalização num momento em que, paradoxalmente, "todos se entendem e se desentendem", em uma "língua comum, universal" que é o inglês, "adotado como a vulgata da globalização".

Para além das metáforas, Octavio Ianni defende o conceito de *economia-mundo*, presente nos estudos de Braudel e Wallerstein, com a primazia do econômico e a sucessão de sistemas econômicos mundiais. Braudel diz que retirou a expressão economia-mundo do alemão *weltwirtschaft*, entendendo "a economia de uma porção do nosso planeta somente, desde que forme um todo econômico" e que define uma tripla realidade: 1) ocupa um determinado espaço geográfico: "tem portanto limites, que a explicam e que variam, embora bastante devagar"; 2) submete-se a um polo: um centro (ou dois centros), "representado por uma cidade dominante, outrora um

Estado-nação, hoje uma grande capital"; 3) todas as economias--mundo se dividem em zonas sucessivas, indo do centro para as zonas intermédias e para as suas margens vastas, "subordinadas e dependentes" (apud ibidem, p.27-8).

Wallerstein acrescenta que "um sistema mundial é um sistema social" que "possui limites, estrutura, grupos, membros, regras de legitimação e coerência".

As teorizações destes dois pensadores mostra sua matriz baseada no funcionalismo e no estruturalismo franceses, pois carregam as noções de organização, coerência e articulação em termos de ciclos de longa duração (p.29-30).

Neste ponto, vamos examinar algumas ideias que procuram se contrapor àquelas até agora examinadas. Em sua obra *La mondialisation du capital* (1994), François Chesnais afirma que

> a internacionalização do capital produtivo permaneceu um processo muito estreitamente circunscrito geograficamente e que esse capital está submetido hoje a um conjunto de forças que o conduzem a se reestruturar em se "recentrando" sobre suas bases de origem – exceção feita aos NPIs da Ásia.

De outro modo, "o princípio metodológico fundamental da primazia da produção sobre a circulação não se traduziu em todas as circunstâncias por investimentos no estrangeiro", naquilo que pode ser chamado de "competitividade estrutural". Essas colocações permitem afirmar que a expansão capitalista mundial, sob a dominação do capital industrial, obedeceu mais à marca da "financeirização em excesso, da dominação de um *capital rentista*, talvez usurário, e de operações cada vez mais numerosas gangrenadas pelas redes mafiosas que a um capital orientado para um desenvolvimento das forças produtivas" (Chesnais, 1994, p.265-6).

A atual crise do modo de desenvolvimento é dada pela "chegada aos limites e pelo crescimento das contradições, no seio das formas institucionais as mais *essenciais, aquelas que condicionam o regime de acumulação*". As formas institucionais são as seguintes:

a) "o fato do trabalho assalariado ter sido a forma absolutamente predominante da inserção social e do acesso a uma renda" (vejamos hoje as dimensções da luta pela mantença de níveis de emprego em todo o mundo; o surgimento do chamado desemprego estrutural ou tecnológico);

b) a existência de um ambiente monetário internacional estável;

c) "a existência de Estados, dotados de instituições suficientemente fortes para que estas pudessem servir e impor ao capital privado disposições de todo tipo e a disciplinar seu funcionamento, e dispondo de fontes que lhes permitiram muito bem preencher os defeitos setoriais do investimento privado e de relançar a demanda" (ibidem, p.253-4).

Seria bom lembrar, como Lenin já escrevia no início do século XX, que o Estado é uma relação social e sua apropriação é decorrente dos conflitos de classes e da hegemonia de uma delas. Assim, o Estado, de maneira muito resumida, tem servido, neste século, como elemento arranjador da hegemonia do capital financeiro e atenuador dos conflitos sociais.

Essa tendência levou a um jogo combinado

> que veio deslocar os elementos constitutivos da regulação fordista: rigidificação das estruturas industriais oligopolistas no plano nacional (vide atualmente as políticas de fusões/incorporações bancárias, mesmo com o Estado na base econômico-legal de tudo); crise de todas as determinações da relação salarial fordista; crise fiscal do Estado e questionamento da extensão tomada pelas despesas públicas; deterioração das relações constitutivas da estabilidade do regime internacional" (Chesnais, 1995, p.251)

Assim, o modo de produção dominante mostra

> sua incapacidade de gerir a existência do trabalho assalariado enquanto forma predominante de inserção social e de acesso à renda. Após ter destruído o campesinato (que ainda resiste em ressurgir em algumas partes do mundo) e grande parte do artesanato urbano desertificando regiões inteiras, faz apelo ao exército industrial de reserva dos trabalha-

> dores imigrados ... condena milhões de assalariados e jovens ao desemprego estrutural ... e acentua, no interior de cada país, as diferenciações profissionais e sociais. (ibidem, p.251)

Por fim, pela "primeira vez em toda a história, o sistema confia a sorte da moeda e da finança completamente ao mercado" e, de outro modo, os "Estados viram sua capacidade de intervenção reduzida a pouca coisa pela crise fiscal" (ibidem, p.254).

O efeito depressivo da acumulação mostra a destruição de postos de trabalho superior à criação de novos postos; mostra a baixa de rendas do trabalho assalariado e a redistribuição da renda nacional em favor dos *rentistas*, com o aumento dos mercados e dos investimentos financeiros, ao qual a mundialização contribuiu fortemente, com grande seletividade de escolhas e de lugares.

Em termos gerais, podemos dizer que há um processo de desvalorização do espaço na base de um novo processo de concentração, atualmente vinculado ao capital financeiro.

Com isso, temos o seguinte: os limites sociais, políticos e geográficos são fixados pelo modo de desenvolvimento do capitalismo monopolista contemporâneo, considerados os seus fundamentos: a propriedade privada, o lucro, o mercado, o consumismo exacerbado pela publicidade, mas também buscado constantemente como base do relançamento da atividade industrial, o produtivismo – *competitividade* – a todo custo sem olhar para as fontes naturais e a repartição do trabalho e das rendas! Vamos aos exemplos: nos Estados Unidos, 13,5% da população vivem abaixo do "limiar da pobreza", que é fixado em US$ 6.800 por ano (para melhor ideia: isso equivale, no início de 2000, a R$ 570 por mês!). Vamos além: 30% da população do Terceiro Mundo estão na Ásia meridional, o que equivale à metade dos pobres "em desenvolvimento", ou seja, 520 milhões de pessoas, sendo que 420 milhões estão na Índia. Ainda mais: 7% dos pobres do mundo estão na América Latina, o que equivale a 70 milhões de pessoas, sendo sua maioria localizada nas cidades.

Outros dados, bem gerais, permitem-nos uma visão panorâmica da distribuição mundial da riqueza: os PVDs (países em vias de desenvolvimento) tinham, em 1991, um PIB médio *per capita* de US$ 2.730, e os países desenvolvidos, média de US$ 14.860; 80% dos fluxos financeiros internacionais estão fora do Terceiro Mundo, e os 20% restantes são destinados muito mais à sustentação dos agentes privados e aos serviços da dívida pública que para resolver problemas de desigualdades sociais.

Alguns autores (Clerc, 1993, por exemplo) já falam não em mundialização, mas em "regionalização da economia, pela constituição de grandes conjuntos onde cada um tenha peso suficiente para decidir a política econômica que lhe é conveniente" (exemplo: Nafta, Mercosul etc.). Por ora, três grandes blocos se delineiam: América do Norte, zona do Pacífico sob a influência japonesa e Europa ocidental, e nenhuma dessas áreas é homogênea, pois nelas as desigualdades "no desenvolvimento ... e as políticas econômicas estimuladas pelos países dominantes da região correm um grande risco de criar pressões desiguais em cada um dos estados" (ibidem, p.441).

Assim, teríamos uma regionalização freando a mundialização? Ou seria apenas o aparecimento das contradições regionalizadas de um processo mais amplo? Em todo caso, não se pode esquecer de que a mundialização, que vem se desenvolvendo desde a primeira revolução logística mundial, atrelada aos processos de globalização das comunicações e dos costumes, está ainda se processando.

Mamigonian (2000, p.96) é um crítico severo das discussões sobre globalização, entendendo que ela não é mais que um imperialismo disfarçado, ao afirmar que

> certamente uma análise do último quartel do século XX, como qualquer tema relevante, econtrará três grandes interpretações: a dos neoliberais, entusiasmados com a "globalização" e propondo "mais mercado", e que inclui o desaparecimento do FMI, por ser inútil; os centristas querem dar um caráter mais palatável à "globalização", combatendo seus efeitos perversos (I. Sachs, por exemplo); as posturas de esquerda partem da necessidade de uma análise concreta (múltiplas determinações), isto é, das forças produtivas, bloqueadas no período depressivo do

capitalismo (desde 1973) e das novas relações de produção (toyotismo, por exemplo), os papéis do capital financeiro e do Estado na atual conjuntura, a próxima emersão da terceira revolução industrial etc.

É esse mesmo autor que conclui dizendo que a globalização, "como ideologia que se vende e se impõe aos povos oprimidos é basicamente o projeto econômico-político americano de liderar o ultra-imperialismo futuro" (ibidem, p.100).

A crítica de Mamigonian mostra muito bem como se pode utilizar uma teoria para fazer a leitura do mundo e explicar sua dinâmica com lógica científica. Baseando-se na teoria dos ciclos longos de Kondratieff, a leitura não poderia tratar a globalização como algo novo e recente, mas como um fenômeno que não é mais que o fortalecimento de uma ideologia resultante da necessidade de se inventar rótulos novos para se impor, cada vez mais, um processo de expansão capitalista que se realiza ininterruptamente há alguns séculos.

Atualmente, há vários outros autores que criticam duramente a ideia de globalização baseada na predominância do mercado justificado pelo discurso único. Não cabe aqui ficar, exaustivamente, lembrando cada um deles, mas apenas registrar que há diferentes interpretações desse conceito que, já bastante discutido, tem sua configuração definida pelas ciências humanas.[5]

Após essa discussão do conceito de globalização/mundialização, optamos por adotar essa última palavra para esboçar alguns princípios[6] a ela concernentes e que resumem bem suas características. São eles:

1 *Financeirização*: o domínio da moeda, a incorporação de valor às mercadorias sem que necessariamente isso passe pelo circuito produtivo. Esse aspecto faz que desapareça a possibilidade de se

---

5 A bibliografia colocada no final do livro poderá fornecer muitas outras ideias para o leitor que quiser continuar esta discussão.

6 Para esta reflexão apoiamo-nos no artigo "Território, logística e mundialização do capital", presente no livro *Dinâmica econômica, poder e novas territorialidades,* publicado pelo GAsPERR / FCT-UNESP, em março de 1999, p. 99-113, especialmente as páginas 101-4.

identificar os três tipos de renda (absoluta, diferencial e de monopólio), fazendo que apenas a renda absoluta, dada pela propriedade privada dos bens de produção, diferenciadas pelos investimentos – das mais diferentes naturezas – possa aparecer economicamente.

2 *Tendência à homogeneização*: a ampliação territorial dos costumes, superando costumes locais, incorporando vantagens regionais, a competitividade como lei universal como ideologia, base de um discurso único, inquestionável. É a competição convertida de meio em fim! É a discussão dos problemas ecológicos como fatos de influência mundial e não mais regional!

3 *Seletividade*: tanto do ponto de vista da segregação entre os homens quanto da criação de ambientes especializados, ilhas de ambiente mais qualificado, os "quadros" se isolam das outras camadas sociais.

4 *Criação tecnológica*: para Petrella (1996, p.46), a "internacionalização da economia e da sociedade se refere ao conjunto de matérias-primas, produtos manufaturados e semifaturados, serviços, dinheiro, ideias e pessoas entre os Estados", privilegiando muito mais as ideias, o dinheiro e os serviços, do que as pessoas entre os Estados e os produtos manufaturados, e em última instância, as matérias-primas, que vêm, historicamente, perdendo preço real. Em contrapartida, há um certo grau de imprevisibilidade na atual revolução industrial.

5 *Estímulo à competitividade*: aqui cabe lembrar ainda Petrella (1996, p.108), quando ele diz que,

> contrariamente ao que ocorre com a internacionalização, onde o Estado conservava seu protagonismo como espaço de referência e origem do poder, a globalização empenha o processo iniciado pela multinacionalização, com o surgimento da empresa "global" como ator principal na economia e na sociedade.

Assim, a "nova aliança entre o Estado e as empresas se caracteriza pelo fato de que o primeiro não é mais o líder, ao mesmo tempo em que o segundo converte a economia mundial em principal organização de governo" (ibidem, p.111).

6 *Verticalização nas relações de produção*: tanto no que tange à formação de redes de informações (as redes "duras" – fibras óticas, canais por satélite – e a infraestrutura logística) e no que tange às diferentes formas e dos sujeitos que as utilizam. Isso acarreta também uma exacerbação da concentração econômico-financeira, resultando num descompasso socioeconômico sem precedentes na história da humanidade.

7 *Mudança do papel social do Estado* voltado para o interior do país, tornando-o um Estado inclinado fundamentalmente para as determinações do capital, sem pátria nem proprietários particulares, apenas proprietários privados identificados pelas relações de papéis. Com isso, os Estados e as sociedades constroem sistemas diferenciados, mundialmente, referentes à multiplicidade de vínculos e interconexões.

Essa característica pode ser comprovada empiricamente pelas mudanças no tratamento dado às "origens" dos capitais. Até os anos 1970, por exemplo, falava-se em capital *nacional* e capital *estrangeiro* ou *multinacional*, quando se queria referir à "nacionalidade" do capital predominante de uma empresa ou grupo de empresas, quando havia uma clara identificação de seu nome com algum país de origem. Essa identificação foi se tornando difícil, de tal forma que atualmente, nos balanços de firmas, nas classificações que aparecem em revistas e jornais, fala-se em *controle* acionário *brasileiro* ou *nacional, estatal* e *estrangeiro*. Assim, não há mais a preocupação com a origem do capital, mas com a territorialização do controle acionário das firmas.

Por que a empresa é a principal protagonista no processo de mundialização / globalização? Segundo Petrella (1996, p.109), porque:

> é a única organização que se converteu por si mesma em ator "global". A empresa possui um real poder de decisão; nossa sociedade deu a máxima prioridade à tecnologia e à melhora das ferramentas. As empresas são produtoras de ferramentas; e se consideram as empresas como os fatores-chave para criar riqueza, emprego, e, por consequência, bem-estar individual e coletivo.

Ainda segundo Petrella (1996, p.111),

> graças entre outras coisas à globalização, os Estados e as empresas entraram em uma nova aliança dinâmica. O Estado não se deixa levar; segue ativo – e muito ativo, e ademais, no mundo tecnológico e econômico; mas já não é o líder ... a empresa está se convertendo na principal organização de "governo" da economia mundial, com o apoio de alguns Estados "locais" que podem ser tão pequenos como a Dinamarca ou tão grandes como os Estados Unidos.

Para compreender-se a complexidade das novas configurações da empresa é preciso, antes de mais nada, procurar a superação, até no discurso geográfico, da noção dos três circuitos da produção (primário, secundário e terciário). Se eles foram identificáveis há cinquenta anos, hoje não mais o são.

A complexidade atual das empresas exige que voltemos aos diferentes momentos do circuito produtivo, como Marx o definiu no século XIX: produção, distribuição, troca e consumo. Mesmo que tenhamos presente a palavra "secundário" em nosso discurso, ela não atende mais (será que algum dia já atendeu?) à necessidade de se compreender a dimensão (espaço-temporal) dos fluxos de mercadorias, de pessoas e da constituição de sua base infraestrutural que permite o movimento de informações e de mercadorias.

Um outro aspecto da questão que deve ser enfocado é a confrontação (literalmente) dos termos *globalização*, que já estamos discutindo, e *neoliberalismo*. Essa palavra designa uma tendência doutrinária que emergiu depois da Segunda Guerra Mundial, contrapondo-se às ideias de Keynes, que propunha novo papel do Estado como produtor e como gerador de empregos para solucionar os problemas enfrentados pelo sistema capitalista que surgiram depois da crise de 1929.

Segundo Géledan & Brémond (1988, p.208), "o liberalismo é uma corrente de pensamento teórica e prática que abrange os domínios político, econômico e social" e "defende a ideia de que o melhor estado social possível se alcança deixando que cada indivíduo procure o seu interesse pessoal, num quadro tão próximo quanto possível da situação de concorrência".

O neoliberalismo seria decorrente, portanto, da retomada das ideias liberais, que foram fundamentais para a expansão do sistema capitalista, em outras bases, a partir de 1950. As consequências dessa "retomada" das ideias liberais são: competição pacífica pelo poder; diversidade de partidos; liberdade e concorrência de mercado; desregulamentação das conquistas trabalhistas; redução e, até mesmo, supressão do papel do Estado como produtor, tornando-o apenas regulador das relações sociais; e manutenção, inquestionável, da propriedade privada.

Outro aspecto que deve ser trabalhado nessa análise é aquele que diz respeito à escala. A evidência do que se chama globalização requer, necessariamente, que nos preocupemos com a escala local. Milton Santos já afirmou que é no local que se manifestam os efeitos da globalização. Para compreender melhor essa afirmação, podemos verificar com a *diversificação* do enfoque e das diferentes propostas para se solucionar problemas econômico-sociais locais, as possibilidades de abordagem dessa escala *das metas propostas.*

Procurando verificar a dinâmica das sinergias, é preciso compreender as possibilidades de diferentes inter-relações de atividades e o desdobramento de seus resultados. As possibilidades ocorrem exatamente porque, com a implantação de novas tecnologias, novos tipos de empregos vão surgindo em razão de serem criadas novas necessidades sociais.

Por fim, enfatizando a necessidade de um enfoque empírico dos *atores* envolvidos nas práticas sociais (aqueles que atuam nas decisões em diferentes escalas) e também partindo do pressuposto de que "o Estado interpreta o papel de verdadeiro 'ordenador' da vida quotidiana das massas – mesmo que adotemos a concepção de capitalismo desorganizado – e, sob pretexto da 'organização do espaço', o que faz na realidade é predeterminar o tempo vivido" (Castells, 1976, p.15) para se compreender a dinâmica espacial em um país. Então, torna-se necessário adotar alguns princípios básicos de governabilidade que podem, de maneira bem resumida, ser apreendidos na lista (baseada em Dowbor, 1996, p.28-30) que segue:

1) *Descentralização*: esse princípio deve ser compreendido quando a decisão é tomada no nível mais próximo possível da população interessada. Como exemplo desse princípio (não exclusivamente, claro) podemos citar o orçamento participativo que foi implantado em Presidente Prudente-SP em 1997.[7] Sua dinâmica foi a seguinte: a cidade foi dividida em setores, foram eleitos representantes de cada setor que, através de reuniões com caráter deliberativo, foram debatendo e decidindo quais as prioridades para os gastos do orçamento municipal. As escolhas feitas pelos presentes nas assembleias, de caráter claramente coletivo, surpreenderam aquelas pessoas ligadas ao poder público e encarregadas de monitorar as reuniões. Por exemplo, num distrito situado a dez quilômetros da sede, a necessidade imediata dos moradores era a construção do muro do cemitério; na zona sul da cidade, o fundamental era a arborização das ruas, e em outra zona, o asfalto era o grande problema.

2) *Papel mobilizador* da administração local: esse princípio considera a necessidade de organizar forças sociais em torno dos grandes objetivos da comunidade em médio e longo prazos. Aqui o orçamento participativo também entra como referência importante, principalmente quando consideramos sua dimensão cronológica de estudos, implementação e avaliação dos resultados. Outros exemplos que podem ser destacados e que valorizam esse princípio são o "Banco do povo", os sistemas de cooperativas de trabalho e o sistema de mutirão para a construção da casa própria.

3) Organização dos *atores sociais* na cidade em formas de foros de discussão e no incentivo ao aparecimento de parcerias. Como exemplo deste princípio podemos citar o programa de recuperação de crianças marginalizadas que foi implantado em Presidente Prudente – premiado pela Unicef em 1999 – que contou com a parceria entre a Prefeitura Municipal e a Fundação Abrinq. Outro exemplo

---

7 Sobre os princípios da governabilidade, optamos por citar vários exemplos conhecidos do Estado de São Paulo. Esses exemplos, que comparecem para ilustrar o que estamos descrevendo, são apenas alguns entre tantos outros que podem ser identificados no Brasil.

que podemos citar é o projeto, recentemente aprovado pela Fapesp dentro de um programa por ela elaborado para incentivar a organização de políticas públicas, que propõe a montagem de um sistema de informação geográfica para as futuras tomadas de decisões em Presidente Prudente-SP, elaborado entre os parceiros Unesp e Prefeitura Municipal. O programa se divide em três etapas: definição da metodologia, implantação do sistema e desdobramentos posteriores. Ainda, para exemplificar esse princípio, podemos citar a criação e a dinamização de conselhos municipais nas diferentes áreas de atuação social do município: educação, saúde, emprego etc. Um aspecto muito importante a se considerar nesse princípio, a nosso ver, é a *escolha* dos atores que vão exercer a parceria. Essa escolha pode, desde o princípio, apontar para o sucesso ou o fracasso da política pública pretendida porque ela envolve múltiplas determinações e relações no poder local.

4) O enfoque da *inovação* pode ser compreendido pela "máxima": inovar e experimentar novas tecnologias e *modus operandi*. Os problemas ligados ao lixo, em qualquer cidade, exigem novas formas de tratamento, formas específicas de coleta e divulgação de atitudes que devem ser tomadas por todas as pessoas; por sua vez, a habitação exige a reflexão não só quanto a novos materiais construtivos mas também quanto à elaboração de plantas de residências adequadas aos diferentes climas.

5) A utilização *racional de recursos* pode compreender exercícios de identificação dos recursos e formação de "capital social", buscando sempre obedecer à necessidade de sustentabilidade das operações de intervenção.

6) É preciso também definir os *eixos críticos de ação* mediante ações que desencadeiem a mobilização dos grupos sociais desprovidos de base socioeconômica própria. Nesse caso, devemos nos lembrar sempre das diferentes identificações que conhecemos das pessoas marginalizadas, como moradores de rua, menores infratores, pessoas envolvidas com a violência urbana etc. Um exemplo que podemos lembrar nesse princípio é o projeto "Voltei pra ficar", implantado, em 1998, em Presidente Prudente-SP, pela parceria

Prefeitura Municipal / Delegacia de Ensino, procurando diminuir a evasão escolar.

7) Um princípio que deve ser enfocado em escala mais ampla do que aquela que abrange o local e com enfoque muito mais teórico que prático é aquele que propõe trabalhar a *matriz* das decisões ultrapassando a oposição estatização/planejamento *versus* privatização/mercado, mediante políticas de integração.

8) As políticas públicas devem efetivamente centrar atividades nos *objetivos humanos*, partindo do teorema: mercado = meio, desenvolvimento humano = fim, para mostrar que as empresas não podem fazer o que quiserem, como, impor o discurso de que o emprego é uma dádiva do capitalista e não uma necessidade das relações de produção, e portanto para a própria acumulação ampliada do capital.

9) Nos momentos de consolidação de uma política pública e da necessidade de avaliar sua eficácia e sua efetividade, é preciso enfocar a comunicação e a informação como possibilidades de acesso, por parte de todos os grupos sociais, ao conhecimento, e também como forma de prestação de contas.

E é exatamente esse último princípio que precisamos enfatizar, porque é um elemento fundamental quando entra em cena, pois é a partir dele que a eficiência, a eficácia e a efetividade das políticas públicas podem ser observadas e deixar heranças para sua continuidade ou para a elaboração de outros projetos: é a sua avaliação, considerando as diferentes esferas do poder organizado (federação, estados e municípios). A falta de avaliação, procurando (como já foi afirmado anteriormente) averiguar a eficácia, a eficiência e a efetividade dos gastos públicos (sejam de origem estatal sejam de origem privada), pode fazer cair no esquecimento projetos que poderiam ter direcionamentos e resultados positivos para os seus alvos e servir como referenciais para os desdobramentos seguintes em relação a questões de mesma natureza.

Na relação dialética global–local é que podemos compreender os princípios aqui descritos. Como o conhecimento geográfico deve ser discutido também a partir de seu papel social, acreditamos que eles podem ser balizadores dos exercícios metodológicos para o estudo do pensamento geográfico.

A globalização como elemento ideológico não pode ser considerada irreversível. É Santos (2000, p.24) quem afirma que é uma falácia proclamar-se a "morte do Estado" ou considerar a globalização um fenômeno irreversível. Mesmo que ela seja, "de certa forma, o ápice do processo de internacionalização do mundo capitalista ... há dois elementos fundamentais a levar em conta: o estado das técnicas e o estado da política". A insistência no discurso único, que vai se consolidando como ideário para a maioria das pessoas, leva a uma inércia do padrão de desenvolvimento imposto nas últimas décadas do século XX como um fenômeno sem volta.

A dialética global–local poderá ser compreendida como movimento, do ponto de vista metodológico, se as políticas públicas, cujos objetivos sejam amenizar as diferenças sociais, forem efetivadas em alguma parcela do espaço geográfico. Essa afirmação contém, claramente, sua orientação doutrinária e política.

A globalização é um fenômeno, não é irreversível como ideologia da maneira como se apresenta e pode ser cultura necessária para sua própria transformação. A compreensão de seu conceito e a atuação segundo princípios equalizadores poderão, historicamente, mudar os encaminhamentos vistos atualmente.

A Associação dos Geógrafos Brasileiros (AGB)

Outro tema instigante para se debater uma metodologia do pensamento geográfico é o resgate de fatos e nomes que construíram, durante meio século, a Associação dos Geógrafos Brasileiros,[8] entidade que, fundada por Pierre Deffontanes, em 7 de setembro de 1934 –

8 A discussão da AGB terá, neste texto, além de opiniões de outras pessoas, a exposição de nossa própria vivência em muitos eventos da entidade e a experiência como membro da diretoria, em 1992.

que veio ao Brasil para ajudar a organizar o Curso de Geografia na Universidade de São Paulo – teve, posteriormente, à sua frente outros dois nomes, que ficaram marcados na historiografia da Geografia brasileira: que foram Pierre Monbeig e Francis Ruellan.

Para esse tema, vamos inverter nosso raciocínio. Até o momento, quando necessário, temos trabalhado com a exposição cronológica do passado para o presente. Nesse ponto, vamos fazer um exercício diferente, iniciando por uma descrição atual da Associação dos Geógrafos Brasileiros que, doravante, será referenciada apenas como AGB.

A AGB organizou em julho de 2000, em Florianópolis, seu XII Encontro Nacional de Geógrafos, cujo tema foi "Os outros 500 na formação do território brasileiro". Esse evento científico contou aproximadamente com 3.300 inscritos, 1.114 comunicações discutidas nos Espaços de Diálogo, 45 Minicursos e 12 Grupos de Trabalho instituídos com os mais diferentes temas que atualmente preocupam os geógrafos, bem como com a presença de geógrafos em 23 mesas-redondas. Em diferentes atividades, aí estiveram presentes nomes importantíssimos para o pensamento geográfico, como Milton Santos, Aziz Nacib Ab'Sáber e Carlos Augusto de Figueiredo Monteiro.

Os Encontros Nacionais de Geógrafos, que ocorrem bienalmente, e os Congressos Nacionais de Geografia, que ocorrem decenalmente, são organizados pela AGB e podem ser considerados, como consta na apresentação do volume de programa e resumos do XII ENG, como "o melhor momento de qualquer comunidade científica, quando temos o debate e o confronto de teorias, a aproximação de grupos de pesquisas, a divulgação de ideias, o aperfeiçoamento e atualização cada dia mais necessários" (Gonçalves, 2000, p.5).

Como o papel do geógrafo, na atualidade, amplia-se constantemente, com a participação de profissionais em diferentes entidades da sociedade civil, em organizações não governamentais e em movimentos sociais, além do seu histórico papel em sala de aula, ministrando os conteúdos de Geografia para a formação do cidadão brasileiro, os eventos científicos transformaram-se, ganhando um caráter de massificação dentro da própria comunidade.

O evento de Florianópolis foi estruturado em quatro eixos: Natureza, espaço e política, Sociedade, espaço e política, Pensamento geográfico brasileiro e Ensino da Geografia. Esses eixos nortearam todas as outras atividades. Por exemplo: as mesas-redondas foram denominadas, segundo os eixos, da seguinte maneira.

No eixo *Natureza, espaço e política,* tivemos as mesas "Meio ambiente e políticas públicas", "Geografia e saúde", "A dinâmica da natureza na análise geográfica" e "Geografia e política: as convenções internacionais sobre o ambiente".

No eixo denominado *Sociedade, espaço e política,* os temas das mesas-redondas foram "A questão agrária na formação territorial brasileira", "Território e sociedade: o Brasil no limiar do século XXI", "Neoliberalismo ou projeto nacional", "Transformações no mundo do trabalho", "A urbanização brasileira", "A agricultura brasileira no século XXI" e "Mobilidade das populações e as novas configurações territoriais".

O eixo *Pensamento geográfico brasileiro* foi composto pelas mesas cujos temas foram "Natureza e espaço geográfico", "Geografia e interdisciplinaridade", "Por uma teoria geográfica dos movimentos sociais", "História do pensamento geográfico", "Paisagem: categoria física ou humana da Geografia?" e "Paradigmas da Geografia brasileira".

Por fim, o eixo *Ensino da Geografia* foi abordado pelos temas "Políticas educacionais e ensino da Geografia", "Linguagens e representações no ensino da Geografia", "Política científica brasileira e a pós-graduação em Geografia: balanço e perspectivas", "Concepções teórico-metodológicas de educação e suas implicações em Geografia", "A inserção profissional da Geografia na sociedade" e "A formação do bacharel e do licenciado em Geografia face aos novos desafios da sociedade".

A lista de temas do parágrafo anterior, que não vai se repetir exaustivamente neste item, quando nos referirmos a outros encontros de geógrafos, foi aí inserida com o objetivo de mostrar a variedade e a amplitude temática que, atualmente, suscitam as mais diferentes preocupações dos profissionais que participam do encontro.

Com a democratização da AGB, iniciada em 1978, "produziu-se ... uma falsa dicotomia entre encontros científicos e encontros políticos" que se procurou superar nesse evento realizado em Florianópolis porque "toda a questão passa a ser, portanto, como tratar com a necessária qualidade acadêmica um fenômeno que coloca para essa comunidade fatos novos que, do ponto de vista ético e político são, sem dúvida, também legítimos" (Gonçalves, 2000, p.7).

Atualmente, a AGB vive mais um de seus momentos de tensão histórica que exigem uma revisão estatutária e uma reflexão sobre suas relações com as chamadas seções locais e com as mais diferentes entidades da sociedade civil e com o próprio Estado, em todas as suas escalas de poder público.

Uma entidade que consegue congregar mais de três mil participantes num evento científico, e por isso é tão grande, mas que não possui sua sede própria e que depende muito mais do esforço pessoal de seus dirigentes, vive e se retroalimenta, a nosso ver, de suas próprias contradições. As dimensões continentais do Brasil e suas diferenças sociais (expressas na territorialização dos cursos de Geografia e na disseminação das entidades que têm geógrafos em seus quadros) também contribuem para o desequilíbrio de forças, por causa da concentração de pessoas e entidades no centro-sul do país.

O caráter político da AGB, em comparação com suas preocupações científicas e acadêmicas, tem marcado, crescentemente, os pronunciamentos nos seus vários eventos, desde 1978.

Para seu ex-presidente, Carlos Walter P. Gonçalves (período 1998-2000),

> a natureza da própria Geografia nos obriga a que nos qualifiquemos para chamar a atenção da sociedade para o significado das identidades coletivas como são territórios que pressupõem, sempre, um sentimento de pertença comum, assim como os lugares, a região. O país. A Geografia, sem dúvida, tem uma enorme responsabilidade para que vislumbremos a possibilidade de uma ordem local-regional-nacional-mundial onde os valores de igualdade, liberdade e solidariedade deixem de ser meros princípios. Sabemos, também, que a luta será intensa até porque têm aqueles que no lugar dos valores, que nos remetem à

> relação da Geografia com a Filosofia, preferem os preços, a relação da Geografia com o Mercado.[9]

O trecho citado demonstra, de forma bastante clara, a força do discurso político que, na última década, sem nenhum demérito, tornou-se hegemônico nas diferentes gestões da entidade.

A organização dos eventos da AGB[10] tem exigido de poucos geógrafos esforços muito grandes e desgastes políticos, muitas vezes desnecessários, para que a grande maioria possa participar dos debates, ouvir e expor ideias. O próprio caráter de *encontro* de seus principais eventos foi proposto, quando da sua primeira edição, em Presidente Prudente-SP, em 1972, para que as pessoas pudessem se ver, conversar e discutir ideias no mesmo plano, superando a hierarquia acadêmica que pautava as reuniões e os congressos de Geografia.

Os objetivos da AGB, constantes em seu estatuto, são, atualmente:

> I – Promover o desenvolvimento da Geografia no Brasil, pesquisando e divulgando assuntos geográficos, principalmente brasileiros.
> II – Estimular o estudo e o ensino da Geografia, propondo medidas para o seu aperfeiçoamento.
> III – Promover e manter publicações de interesse geográfico ou não.
> IV – Manter intercâmbio e colaboração com outras entidades dedicadas à pesquisa geográfica ou de interesse correlato, ou ainda à sua aplicação, visando o conhecimento da realidade brasileira.
> V – Propugnar pela maior compreensão e mais estreita colaboração com os profissionais e os estudantes de disciplinas afins.
> VI – Estimular o entrosamento entre entidades profissionais, entidades estudantis e grupos da comunidade para o estabelecimento de ações

---

9 Trecho extraído da "Convocação" ao XII Encontro Nacional de Geógrafos, da página na internet da AGB, cujo endereço é: http://www.agbnacional.com.br/html/menu2a.htm.

10 É preciso registrar que a AGB patrocina, com sua forma *sui generis* de ser, além dos Encontros Nacionais de Geógrafos, também os Fala Professor e os Simpósios Nacionais de Geografia Urbana. Recentemente, tem-se procurado uma aproximação com os Encontros Nacionais de Geografia Agrária e de Geografia Física.

conjuntas que visem ao aprimoramento das instituições democráticas e à melhoria das condições de vida do povo brasileiro.
VII – Analisar atos dos setores público ou privado que interagem e envolvem a ciência demográfica, os geógrafos e as instituições de ensino e pesquisa da Geografia, e manifestar-se a respeito.
VIII – Congregar os geógrafos e os estudantes de Geografia do país para a defesa e prestígio da classe e da profissão.
IX – Promover encontros, congressos, exposições, conferências, simpósios, cursos e debates, bem como intercâmbio profissional mantendo contato com entidades e afins no Brasil e no estrangeiro, de modo a favorecer a troca de observações e experiências entre seus associados.
X – Procurar representar a Geografia brasileira e o pensamento de seus sócios junto aos poderes públicos e às entidades de classe, culturais ou técnicas.[11]

Esses objetivos foram organizados a partir da ruptura política que houve no III Encontro Nacional de Fortaleza, realizado em julho de 1978, e aperfeiçoados no IX Encontro Nacional de Geógrafos, realizado em Presidente Prudente-SP, em 1992. Até 1978, constituída, em seu quadro associativo, por sócios titulares e sócios convidados, a AGB tinha restrições à participação de estudantes em seus eventos. Em Fortaleza-CE, a ruptura, provocada pelas intervenções de Armen Mamigonian (que contava com o apoio silencioso e emocionado da maioria dos presentes, aos quais não era dado o direito da palavra), na plenária final que ocorria no Teatro José de Alencar, teve em seus momentos mais agudos o desespero de geógrafos bastante ativos na entidade, como José Cezar Magalhães e José Ribeiro de Araújo Filho.

Formou-se uma comissão provisória presidida por Marcos Alegre que, um ano depois, apresentou a minuta do estatuto, a qual, uma vez aprovada, passou a vigorar e se tornou instrumento legal que regeu o IV Encontro Nacional de Geógrafos, realizado no Rio de Janeiro-RJ, em julho de 1980.

Já escrevemos, em texto anterior, que

---

11 O estatuto da AGB encontra-se disponível em sua página na internet.

em 1976, ocorreu o II Encontro Nacional de Geógrafos em Belo Horizonte, quando já se manifestava uma certa insatisfação quanto à organização da AGB e, mormente, quanto à forma de admissão de sócios, divididos em categorias diferenciadas, classificada como elitizante por não admitir o acesso mais amplo de estudantes. (Sposito, 1983, p.98)

Para completar o raciocínio já esboçado, o encontro de Fortaleza "também registrou um nova vertente nos estudos geográficos, de inspiração dialética ou marxista que, pode-se dizer, resultou de uma ampliação nas discussões não só metodológicas, mas ideológicas da Geografia, provocadas pelo texto de Yves Lacoste, 'A Geografia serve, antes de mais nada, para fazer a guerra'" e pela volta, ao Brasil, de Milton Santos (ibidem, 1983, p.99).

O IV Encontro Nacional de Geógrafos, realizado em 1980, foi

marcado por certas características importantes: a abertura à presença generalizada de estudantes, inclusive com direto a participar da diretoria da AGB, o que afastou muitos profissionais mais antigos da comunidade geográfica e, com eles, o apoio de órgãos oficiais à realização do evento (IBGE, universidades públicas etc.), uma reviravolta na postura política das pessoas presentes na última reunião da assembleia geral para a constituição da diretoria para o biênio seguinte, excluindo nomes como Milton Santos, Armen Mamigonian e Roberto Lobato Corrêa, que apoiaram a democratização da entidade, e fazendo surgir a liderança de Ruy Moreira. (ibidem, 1983, p.99)

Um ano antes (em 1979), foi regulamentada a profissão de geógrafo (criada pelo Decreto-lei número 6.664/78), "coroando uma luta assumida pela AGB desde o início dos anos 50 e que ainda não está terminada por causa de empecilhos colocados por algumas seções regionais do CREA quanto ao registro definitivo de geógrafos" (ibidem, p.99).

Já registramos anteriormente que,

se o IV encontro Nacional de Geógrafos mostrou uma clara tomada de poder pelos sócios mais jovens da entidade, no V Encontro, realizado em Porto Alegre (1982), com a ausência quase completa dos geógrafos

> mais antigos do Brasil, acrescentou-se a essa tendência uma surda disputa de poder entre direita e esquerda. A diretoria eleita continuou com o sistema de gestão coletiva, iniciada no biênio anterior, de tal forma que, nas reuniões periódicas ou extraordinárias da cúpula diretiva, todos os sócios presentes têm direito a opinião e voto, como representantes de suas seções locais. (ibidem, 1983, p.99)

Para fazer referência ao pensamento geográfico, vamos abrir um parêntese para tratar da mudança paradigmática que ocorreu nesse período. A influência das ideias de Schaffer e de Lacoste provocou, no final da década de 1970, uma "tomada de consciência" da crise na produção do conhecimento geográfico, que se tornou tema importante nos encontros de geógrafos. Ao abordá-la, Gonçalves (1982) faz a seguinte avaliação: "torna-se, portanto, mais do que necessário pensar o objeto da geografia". Para pensar, então, o objeto, ele sugere que "o espaço deve ocupar o centro dos debates entre os geógrafos, porém não com as definições vagas das 'visões'" [lembradas por Taaffe], às quais ele se refere no texto que ora citamos.

Essa avaliação de Gonçalves permite-nos duas conclusões: uma delas é que, ao abordar a história da AGB, podemos discutir, transversalmente – comparando ideias, autores e textos – temas que mereceram a atenção daqueles que produziam ou faziam a crítica do conhecimento geográfico. Outra, de caráter epistemológico, é o fato de que ele se equivocou ao propor o espaço como o objeto da Geografia, porque, em primeiro lugar, a Geografia, que historicamente teve vários "objetos", sempre esteve às voltas com esse dilema, e, em segundo lugar, porque foi de maior importância a inversão paradigmática que ocorreu nesse período, deixando-se de lado a "eterna" e "insolúvel" busca do objeto para se discutir o papel do método que, realmente, se consubstanciou como o grande salto nas orientações do pensamento geográfico.

Nesse mesmo texto, Gonçalves (1982, p.112) propôs uma abordagem que se consolidou nos anos seguintes: é a abordagem da natureza com "o seu significado determinado historicamente pelo modo de produção", sendo vista como "valor de uso" e "como capital", dependendo da posição do indivíduo em sua classe social ou formação social.

Fechando o parêntese, voltemos à história da AGB. Em 1972 realizou-se, em Presidente Prudente-SP, o I Encontro Nacional de Geógrafos. Segundo Monteiro (1980, p.31), esse encontro foi marcado "pela querela entre 'quantitativos' e 'tradicionais'". Marcos Alegre não está de acordo com essa afirmação de Monteiro. Para ele, nos anais do evento apareceram somente três trabalhos sobre quantificação.

Nesse encontro, algumas questões ficaram bem marcadas.[12] Uma delas foi o simpósio "Geografia e poder: nova ordem internacional – crise brasileira ou crise mundial", que teve forte componente ideológico ao se buscar o perfil do nacionalismo brasileiro. O exemplo mais discutido nesse simpósio foi o Projeto Jari, no Amapá. Ariovaldo de Oliveira propôs, para se discutir a questão agrária, o rompimento com o aparelho ideológico do Estado. Foi importantíssimo o papel da AGB, principalmente de seus associados Pasquale Petrone e José Bueno Conti, que foram figuras que simbolizaram a resistência dos geógrafos contra a implantação dos cursos de Estudos Sociais em substituição aos de Geografia e História.

As grandes discussões da Geografia Teorética vão ocorrer, realmente, em 1973, na reunião da Sociedade Brasileira para o Progresso da Ciência (SBPC), no Rio de Janeiro, com o simpósio intitulado "Renovação da Geografia". A partir daí, cresce o prestígio dos geógrafos ligados à Unesp de Rio Claro, como José Felizola Diniz, Antonio Ceron, Lívia de Oliveira e, do Rio de Janeiro, Pedro Geiger e Speridião Faissol. A proposta desses e de outros geógrafos da mesma tendência doutrinária era "sepultar" definitivamente o conhecimento produzido sob a orientação dos paradigmas da "Geografia Tradicional".

Sendo, o evento de Presidente Prudente, o primeiro com o espírito de *encontro,* 833 pessoas marcaram presença. A tônica maior do

12 Parte da análise deste item contou com muitas informações de Marcos Alegre, ex-presidente da AGB, na gestão 1978-1979.

encontro foi a discussão dos planos dos governos militares referentes à sua política de colonização do interior do Brasil. Essa temática e moções pela aprovação da profissão de geógrafo (que só aconteceria em 1979) trouxeram problemas com o "espírito" da segurança nacional (convocações de membros da diretoria da AGB ou da Faculdade de Filosofia, Ciências e Letras de Presidente Prudente, para depoimentos sobre a amplitude do evento e os pronunciamentos dos participantes), cujos agentes estavam sempre presentes, até de maneira ostensiva.

Estando em seu auge de produção e forte como paradigma para a produção do conhecimento geográfico, a "Geografia Quantitativa" teve inúmeros trabalhos apresentados, numa clara proposta de se "sepultar" definitivamente o conhecimento produzido sob a orientação dos paradigmas da "Geografia Tradicional".

Mantendo a tradição das excursões geográficas, houve três viagens programadas para o Extremo Oeste Paulista, o Noroeste do Paraná e o Extremo Sul de Mato Grosso, orientadas por um Guia de Excursões, com textos de caráter descritivo das áreas que seriam visitadas, entregue aos participantes durante o evento. A prática das excursões, implantada nas reuniões de geógrafos desde a sua primeira edição de caráter nacional, ocorrida em Lorena-SP, em 1956, é um tipo de atividade que permanece, por algum tempo, nos encontros nacionais, como exercício de trabalhos empíricos pelos quais os geógrafos mais experientes vão passando suas maneiras de ler a realidade para aqueles que estão chegando.

Para Monteiro (1980, p.27),

> com um atraso superior a um decênio chegaram ao brasil os ecos da chamada "revolução quantitativa" ... no sentido de que principiaram a ser aceitos, já que era impossível não conhecimento dela quem participasse ou estivesse a par dos acontecimentos dos Congressos da UGI.

Serviram para consolidar essa tendência as visitas de J. P. Cole e Brian Berry, em 1968, ao Rio de Janeiro, durante a 1ª Conferência Nacional de Geografia, patrocinada pelo Instituto Brasileiro de Geografia e Estatística (IBGE).

Essa tendência consolida-se claramente quando, em 1971, ocorre "a reunião da Comissão da UGI para o estudo de Métodos Quantitativos no Rio de Janeiro e a criação da Associação de Geografia Teorética,[13] em Rio Claro, SP, com a publicação do 1º número do seu Boletim" (ibidem, p.28). Na Geografia da USP, as áreas de Geografia Humana[14] e de Geografia Física não se afastam da quantificação, cuja maior crítica foi o fato de ter sido conduzida "como meio e não como finalidade especial" (ibidem, p.30).

A AGB procedeu, em 1970, em São Paulo, "à reforma dos seus estatutos, o que substituiu as assembleias anuais por Encontros Nacionais de Geógrafos, de dois em dois anos" (ibidem, p.28).

É nesse mesmo ano que "embora desde 1944 não tenha havido solução de continuidade, o processo de pós-graduação na USP em 1970 foi totalmente reformulado e regulamentado" (ibidem, p.29).

Voltando um pouco mais no tempo, é ainda Monteiro (1980, p.19) quem afirma que "nos anos imediatamente após o congresso da UGI (e talvez mesmo uma das características do período) houve ativa participação de geógrafos franceses junto a diferentes centros geográficos do país e uma retração da influência norte americana". Os franceses que se destacam são André Cholley, Jean Tricart, Jacqueline Beaujeu-Garnier, Jean Juillard e Michel Rochefort.

Foi nessa época que o Congresso Internacional de Geografia, em 1956, "foi um marco divisório entre os estudos de geomorfologia ainda nitidamente 'davisianos', dirigidos preferencialmente a estudos de 'superfícies de aplainamento' e à abordagem dos processos de esculturação segundo a natureza climática, saindo da perspectiva de separar modelados 'normais' e 'acidentais'", para outras referências, como a incorporação de "feições nitidamente devidas aos processos climáticos na grande unidade morfoestrutural do

13 O termo "teorético" é resultado da tradução errada de *theoretical* que, em inglês, significa teórico.

14 Discordamos dessa opinião de Monteiro porque não houve produção significativa, por parte de estudantes e professores ligados à Geografia Humana da USP, cuja base teórica fosse a "Geografia Teorética".

Planalto Brasileiro, desde o Nordeste até o Rio Grande do Sul" (ibidem, p.19).

Na avaliação de Corrêa (1982, p.116), entre 1956 e 1985, houve uma "fase de transição na geografia brasileira", caracterizada, de um lado, por "uma geografia vidaliana, humanista e de certa forma ingênua, aparentemente pouco articulada às questões nacionais mais importantes, e marcada por uma hegemonia da parte dos geógrafos paulistas ancorados na Universidade de São Paulo e na AGB". A mudança, segundo esse autor, seria para uma geografia "pretensamente pragmática, voltada em grande parte para o sistema de planejamento que, a partir de então, se organiza em escala federal e se difunde por todos os Estados do país, aparentemente preocupada com os grandes ou falsos problemas nacionais...".

A Geografia que se faz, então, tem algumas características: 1) "a 'coisificação' das formas espaciais criadas pelo homem e dele próprio", 2) "uma neutralidade pelo fato de se tratar com 'coisas' que, como tais, podem ser tratadas analogamente às leis das ciências naturais", 3) "na quantificação que pretensamente fornecia objetividade e cientificidade", 4) "uma excessiva preocupação com semelhanças e regularidades em detrimento de diferenciações", 5) "um caráter idealista da sociedade que assume ao mesmo tempo um caráter normativo", 6) "um paradigma de consenso, onde se consideram os fenômenos sociais como sujeitos a mudanças do tipo equilíbrio-desequilíbrio-equilíbrio", 7) "um domínio da descrição" com ausência de historicidade, 8) "uma visão fragmentária da realidade através de uma abordagem analítica" e, o que causou mais impacto científico, 9) a consideração do espaço através de "sua representação matemática" (ibidem, p.117-9).

Na metade dos anos 1950, a AGB já contava com 539 sócios,[15] distribuídos, principalmente, pelas Seções Regionais de São Paulo, Rio de Janeiro, Minas Gerais, Paraná, e pelos Núcleos Municipais de Salvador e Florianópolis. As duas primeiras publicações das Seções

15 Número informado por Marcos Alegre.

Regionais foram os Boletins Paulista e Carioca de Geografia (Müller, 1961, p.46).

A prática, nessa fase, era de reuniões quinzenais, quando um associado fazia palestra e depois era realizado o debate do assunto. A partir de 1945, quando a AGB já era considerada "nacional", havia as assembleias anuais, cuja característica mais importante era a pesquisa de campo, quando se estudava o local onde era realizada a assembleia. Essa prática permaneceu até 1969, ao se realizar a assembleia da AGB em Vitória-ES.

Havia, até então, uma "dependência externa", que se explica pela própria criação da AGB. Segundo depoimento de Andrade (1987, p.91), a AGB "foi fundada por Pierre Deffontaines, em São Paulo, em 1934, no ano em que se iniciava o curso de Geografia da USP, reunindo um grupo de intelectuais que se interessavam pelo tema, entre os quais Caio Prado Junior", que se reuniam para discutir temas geográficos, na Biblioteca Municipal. Mais tarde, a AGB passou a ser dirigida por Pierre Monbeig e se "manteve por cerca de dez anos como uma instituição paulista". Foi em 1944 que os geógrafos de São Paulo e do Rio de Janeiro reuniram-se para dar à associação sua dimensão nacional, "aceitando sócios efetivos, geralmente geógrafos que possuíam trabalhos publicados e que teriam influência na administração superior da associação, e sócios colaboradores, estudantes, pessoas interessadas em geografia e iniciantes na profissão, de todos os Estados".

Segundo Marcos Alegre, é preciso corrigir o que está afirmado no parágrafo anterior. Para ele, além dos sócios efetivos e colaboradores, havia também os sócios *honorários,* considerados figuras eminentes, entre os quais alguns fundadores da AGB, como os franceses Pierre Deffontaines, Pierre Monbeig, Francis Ruellan e Pierre Dansereau, e os brasileiros Fábio Macedo Soares Guimarães e Cândido Rondon.

O papel dos franceses é enfocado, por Pontuschcka (1999), da seguinte maneira: os princípios da escola francesa nortearam as pesquisas das primeiras gerações de cientistas brasileiros e o trabalho pedagógico dos docentes". Como prática de pesquisa, a herança de Vidal de La Blache ainda ficou presente nas práticas de investigação:

> observação de campo, indução a partir da paisagem, particularização da área enfocada (traços históricos e naturais), comparação entre áreas estudadas, do material levantado e classificação das áreas e dos gêneros de vida, em séries de tipos genéricos, devendo chegar, no final, a uma tipologia. (ibidem, p.116-7)

A prática de campo, que ainda hoje é exercida como componente pedagógica fundamental para o ensino da Geografia, é herança não apenas do que exerceu La Blache, mas, buscando outras contribuições ainda anteriores a ele, as práticas empíricas de Humboldt também estão na "arqueologia metodológica" da produção do conhecimento geográfico e precisam ser, portanto, consideradas na análise do pensamento geográfico. Sobre a importância de Humboldt para a Geografia, a obra de Pereira (1989) é uma referência necessária.

A prática de campo pode ser bem compreendida pelas palavras de Müller (1961, p.48-9), ao descrever uma atividade durante a II Assembleia da AGB, realizada em Lorena-SP, em janeiro de 1946:

> De Lorena, os excursionistas, de caminhão, atingiram São José do Barreiro, de onde, na madrugada do dia seguinte, empreenderam a escalada da Serra da Bocaina, a pé, acompanhados por apenas três cavalos: teoricamente, serviriam para descansar as vinte e tantas pessoas por revezamento. Na prática, acabaram por atender aos mais idosos ou menos treinados, os demais se resignando a seguir por seus próprios meios apenas com rápidos descanços à beira dos barrancos... Na primeira etapa, na subida, até Lageado, foram sete horas de caminhada, sofridas em silêncio como convém ao bom agebeano. Em Lageado, esperava-os, para o pernoite, velho casarão de fazenda, inabitado e desmobiliado – com a honrosa exceção de longa mesa de tábuas flanqueada por dois rústicos bancos ... Aroldo de Azevedo (professor catedrático de Geografia do Brasil da Universidade de São Paulo) encarregou-se de varrer o grande salão ... João Dias da Silveira ... recebeu, por unanimidade de votos, a cozinha ... Pierre Dansereau (... da Universidade de Montreal), à frente da equipe de geografia

> botânica, teve a seu cargo a localização de espécies vegetais de folhas largas, que servissem de pratos, Pierre Monbeige ... ficou responsável pela delicada missão de manter o abastecimento de água...

A essa fase da AGB, muitos chamam de "heroica". Para Müller (1961, p.49),

> organizar anualmente uma reunião para cem pessoas é sempre tarefa difícil; algumas vezes, é ela facilitada pela boa vontade e ilimitado apoio de alguns elementos locais que, praticamente, chegam a 'fazer' uma Assembleia.

Esse depoimento pode ser comparado com a dimensão e a dinâmica atual da AGB: os encontros nacionais contam, no mínimo, com três mil pessoas!

Como era uma assembleia da AGB nas décadas de 1940 e 1950? Para Müller (1961, p.55), a

> AGB tem sido uma das mais ativas e ecléticas escolas de pesquisa geográfica do país. Além disso, nas Assembleias são apresentados – e debatidos, o que é mais importante – trabalhos de pesquisa nos mais variados ramos da ciência ... Assuntos específicos vêm-se constituindo em temas de Simpósios, em que especialistas se reúnem para sistematizar os conhecimentos, acertar métodos, estabelecer conclusões. E, finalmente, há os trabalhos de campo, pesquisas que são efetuadas *in loco* por quatro dias, por meio de esforço intensivo e uma organização em equipes, de que resultam levantamento da realidade geográfica da região, de valor intrínseco pelo que representam de original, mas também pela contribuição à ainda pobre bibliografia especializada brasileira.

Essa mesma autora conclui, num gesto de orgulho por ter sido atuante na AGB ao participar das assembleias, que "ninguém poderá roubar à AGB a honra de ter sido a pioneira na renovação do espírito e da estrutura dos congressos científicos no Brasil..." (ibidem, p.55).

Sobre a análise que estamos fazendo do papel da AGB, na opinião de Andrade (1987, p.92),

> a grande contribuição da AGB ao desenvolvimento da Geografia brasileira, no período em estudo, decorre do fato de que ela reunia geógrafos de pontos diversos do País, para debaterem temas e questões e realizar, em conjunto, trabalhos de pesquisa de campo; divulgava os métodos[16] e técnicas e também os princípios dominantes nos centros mais adiantados. Ela difundiu métodos de trabalho numa época em que não havia cursos de pós-graduação em Geografia, contribuindo para consolidar a formação dos geógrafos mais novos ou menos experientes.

O caráter aglutinador da AGB é inegável. No entanto, a avaliação de sua existência deve ir além dos eventos que promoveu.

Como fórum privilegiado para a reunião de geógrafos, preocupados em mostrar sua produção científica e aprender com os mais experientes, a AGB propiciou um avanço político no amadurecimento da Geografia brasileira. Outro aspecto importante é sua abertura à interdisciplinaridade, tendo sempre a participação de sociólogos, economistas, antropólogos e educadores, debatendo suas ideias com os geógrafos, mesmo que a ideia de interdisciplinaridade esteja marcada por uma tendência doutrinária ligada à fragmentação da ciência em disciplinas que busquem seus próprios objetos, independentemente das dinâmicas sociais.

É preciso dizer, por fim, que nos eventos científicos da AGB, os debates que ocorrem, em mesas-redondas, apresentação de comunicações, cursos e mesmo nos bastidores, são fundamentais para a produção científica que vai se delineando, cada vez mais intensa, complexa e com diferentes tendências que, como elementos contraditórios, fazem o movimento do pensamento geográfico. Ora com maior ênfase nos aspectos políticos da ciência ora com preocupações voltadas mais para a epistemologia da produção científica, os debates vão construindo, reconstruindo e expressando as bases da Geografia e, por conseguinte, o papel dos geógrafos.

---

16 É preciso dizer que, neste texto, já demonstramos, anteriormente, que a nossa compreensão do método é completamente diferente da noção sugerida neste parágrafo.

Breve conclusão sobre o método e os temas

Os três temas apresentados podem ser diferenciados em dois blocos distintos.

O primeiro bloco constitui-se da modernidade e da globalização por serem temas que pode ser considerados, inclusive, como conceitos em formação, e, por essa razão, vão merecer, durante algum tempo, a atenção de muitos pesquisadores. A análise que deles fizemos foi baseada na busca de seus elementos formadores dentro da perspectiva de suas contradições e do movimento interno da própria constituição do conceito, mediante a confrontação das proposições de vários autores.

Os dois temas do primeiro bloco foram estudados por geógrafos na perspectiva da interdisciplinaridade, pois vários autores citados são sociólogos e economistas. O diálogo entre diferentes profissionais pode servir para o exercício da superação da divisão da ciência, apontando para a ciência da História. Essa herança marxista, ainda utópica, dadas as condições atuais da produção do conhecimento, não pode ser esquecida.

Outra ideia que emerge da análise desses dois temas é a sua relação com o espaço geográfico e suas múltiplas determinações. Quer o espaço seja definido como sistema de objetos e sistemas de ações quer seja definido como reprodução das relações de produção ou considerando outras referências ontológicas, ele terá sua leitura condicionada pela modernidade ou pela globalização.

O segundo bloco é constituído pelo histórico da AGB, que procuramos abordar, mesmo que guardando sua base temporal, do presente para o passado. A AGB, atualmente, é uma entidade que engloba várias tendências doutrinárias e metodológicas, e poderá, por essa característica, fornecer subsídios para o estudo do pensamento geográfico, porque, dos eventos, nos 66 anos de sua existência, participaram os maiores nomes da Geografia brasileira discutindo, além de sua própria história, inúmeros temas, entre eles aqueles que foram citados anteriormente.

Durante os eventos científicos promovidos pela AGB, mesas--redondas e comunicações sobre a questão do método, a nosso ver, não tiveram tanta importância quanto outras atividades que foram organizadas para abordar as temáticas sobre o urbano e o rural, por exemplo. Como o resgate da densidade temática nos eventos da AGB ainda está por ser feito, as opiniões daqueles que participaram de sua história, mesmo que sejam elaboradas com tendência emocional ou pessoal, poderão contribuir, sobremaneira, para a construção da memória da entidade e fornecer subsídios para a leitura da Geografia brasileira.

5
Teorias

Introdução

Buscando outra maneira de enfocar o pensamento geográfico, vamos analisar três *teorias* que foram importantes para a sua formulação.[1] Para tal propósito, escolhemos as teorias do ciclo de erosão, das localidades centrais e dos dois circuitos da economia urbana.

Para este exercício, não nos ateremos apenas às características das teorias e seus "criadores", mas vamos procurar contextualizá-las historicamente para que sua compreensão seja, a nosso ver, mais facilitada. Assim, poderemos recorrer a vários elementos, como o nível tecnológico do período histórico, a doutrina que subjaz à teoria, as relações filosóficas do momento, por exemplo.

O ciclo da erosão

Embora possamos considerar que atualmente o *ciclo de erosão*, elaborado por William M. Davis, no final do século XIX, já esteja

---

1 Não pretendemos, com a escolha das teorias analisadas neste texto, esgotar as bases teóricas do pensamento geográfico, mas apenas citar algumas daquelas que tiveram papel importante na produção do conhecimento geográfico, em momentos diferentes, desde o século XIX até os anos mais recentes.

superado como base teórica da Geomorfologia, consideramos importante uma rápida abordagem dessa teoria para que o leitor possa contextualizar duas coisas: a primeira refere-se a um momento específico da produção geográfica com suas influências recebidas de outras áreas do conhecimento; a segunda, ligada a um movimento de superação das teorias que vão sendo elaboradas, refere-se ao caráter amplo e contraditório na produção do conhecimento, mesmo que os cientistas tenham como base filosófica as mesmas fundamentações.

Davis, geógrafo e geólogo estadunidense, nasceu na Filadélfia (1850) e faleceu em Pasadena (1934). Como estava o mundo em sua época? Fatos importantes, em várias escalas, precisam ser destacados durante sua vida. Algumas invenções que ocorreram nos Estados Unidos e na Europa vão mostrar a força da ciência no desenvolvimento de diferentes tecnologias: o telefone (1876), o fonógrafo (1877), a lâmpada (1879), o automóvel (1887) o cinema (1895), entre tantas outras.

Na Filosofia, o *idealismo alemão* pode ser considerado *kantiano* ou *pós-kantiano*. No primeiro caso, as bases foram lançadas por Kant, para quem "não haverá conhecimento sem a operação do intelecto" ou, mais explicitamente, "sem a ideia, que é o resultado da operação do intelecto". Assim, a ideia é muito mais importante do que a realidade que ela representa, "pois, para o meu conhecimento, a realidade depende da ideia que dela faço" (Oliveira, 1990, p.39). No caso do idealismo pós-kantiano – que permanece com as características gerais do idealismo já propugnadas por Kant, ou seja, cuja principal característica foi considerar o real como constituído pela consciência –, os principais nomes foram Fichte (1762-1814) e Schelling (1775-1854). Por fim, é preciso também destacar o idealismo *absoluto*, personificado em Hegel e para quem o real é a ideia.

Em outras palavras, o idealismo "é uma doutrina filosófica que afirma que somente podemos conhecer com certeza nossas ideias, ou seja, o mundo interior de nossa consciência, o mundo da subjetividade" (Oliveira, 1990, p.43).

O *positivismo,* que se caracteriza por valorizar o empírico e a quantificação, "pela defesa da experiência sensível como fonte principal do conhecimento, pela hostilidade em relação ao idealismo, e pela consideração das ciências empírico-formais como paradigmas de cientificidade e modelos para as demais ciências" (Japiassu & Marcondes, 1990, p.198), teve contribuições de Comte, Stuart Mill e Spencer.

Outra corrente doutrinária, o *socialismo*, foi discutido por Saint-Simon, Fourier, Owen, Proudhon, Feuerbach, Marx e Engels, e teve como principal objetivo a "transformação econômica e política da sociedade" visando o bem coletivo, "com base nas ideias de igualdade e justiça social" (Japiassu & Marcondes, 1989, p.226).

Há, na segunda metade do século XIX, outras contribuições filosóficas importantes, como as de Nietzsche e Kierkegaard, que não vamos comentar neste momento.

Em termos políticos, o grande acontecimento nos Estados Unidos, nesse período, foi a Guerra da Secessão, entre 1861 e 1865, provocada pela disputa entre províncias do Norte e do Sul que encaravam diferentemente a escravidão.

A riqueza científica e filosófica da segunda metade do século XIX vai ter nas ideias positivistas a base fundamental para a teoria de Davis.

Segundo J. Mendoza et al. (1982, p.32), em seu livro *El pensamiento geográfico*, no século XIX, a obra de Charles Darwin, *A origem das espécies*, que exercerá grande influência no pensamento científico – inclusive no geográfico – é baseada numa racionalidade geral

> capaz de interpretar positivamente todos os fenômenos do mundo vivente: as noções de "adaptação" e de "seleção natural", com as referências analíticas que dizem respeito às inter-relações entre meio natural e funcionamentos dos seres vivos, podiam ser aplicadas, com efeito, ao estudo das sociedades humanas.

Apoiando-nos nos autores citados, podemos dizer que o evolucionismo constituía instrumental analítico que fora incorporado por todos aqueles que pretendiam explicar as conexões entre fatos e a dinâmica das sociedades humanas no espaço geográfico. Mesmo rechaçado por geógrafos como Elisée Réclus ou Piotr Kropotkin, o evolucionismo constitui-se na base fundamental para o trabalho de Davis, "continuador dos estudos sobre o relevo terrestre de G. K. Gilbert e J. W. Powell, que traz uma resposta sistemática a grande parte dos problemas estudados ao assumir e potencializar plenamente, no campo da geografia física, os postulados evolucionistas" (Mendoza et al., 1982, p.37).

É o próprio Davis quem afirma: "o tratamento moderno e racional dos problemas geográficos exige que a forma do terreno seja estudada desde o ponto de vista da evolução da mesma maneira que uma forma orgânica", pois "as formas superficiais são produto de uma série de processos". Baseada nas noções de "estrutura, processo e tempo", a "descrição se torna 'genética' e portanto 'explicativa', buscando a elaboração de leis". Com isso, Davis pretende uma "descrição sistemática, aceita e utilizada por todos os geógrafos, do mesmo gênero que as utilizadas pelos biólogos para as plantas e os animais", criando-se assim uma "nova filosofia para a Geografia, uma filosofia racional e evolucionista" (ibidem, p.37).

Podemos afirmar que, no período em que é elaborado o ciclo da erosão, a Geografia apresentava-se em escala que podemos definir como endógena porque não houve críticas diretas de Walter Penck a Davis. As críticas posteriores, feitas por cientistas que disseminaram as ideias desses dois geógrafos, é que valorizaram as comparações entre o que se produzia nos Estados Unidos e na Alemanha. O pragmatismo estadunidense contrapunha-se à visão que os alemães tinham dos processos geomorfológicos, que já se preocupavam, desde Humboldt, com o conceito de paisagem *(landschaft)* e suas características de totalidade.

Na realidade, a teoria do ciclo (*ciclo geográfico* ou *ciclo de erosão*), "a primeira teoria ou paradigma que define o arcabouço teórico para a geomorfologia e passa a nortear o pensamento e a pesquisa geomorfológica" é apoiada no "princípio que o relevo se define como função da estrutura geológica, dos processos operantes e do tempo", valorizando "particularmente um modelo histórico de interpretação do relevo", como diz Adilson Abreu (1982, p.89-91), em seu texto "Geomorfologia: uma síntese histórico-conceitual".

A opinião de Abreu (1982, p.89), pode ser assim exposta:

> considerando as fontes em língua inglesa, a Geomorfologia definiu-se, formalmente como ciência, através da obra de Davis, particularmente de sua teoria sobre a evolução do relevo expressa no "ciclo geográfico" ou "ciclo de eroão". É, por assim dizer, a primeira teoria ou paradigma que define um arcabouço teórico pra a Geomorfologia e passa a nortear o pensamento e a pesquisa geomorfológica.

É ainda Abreu (1982, p.89-90) que continua essa reflexão:

> a construção davisiana, apoiada no princípio que o relevo se define como *função da estrutura geológica, dos processos operantes e do tempo*, valorizou particularmente um modelo histórico de interpretação do relevo e deitou fundas raízes no mundo de língua inglesa e francesa. É interessante notar que mesmo depois de criticada e relegada a segundo plano nos países de expressão inglesa, particularmente nos USA, onde já em 1945 surgiam as concepções de [R. E.] Horton dentro de uma perspectiva mais atual, na França ela permaneceu como principal quadro de referência teórica significativa por mais tempo. Em decorrência disso, também entre nós sua permanência foi maior.

De maneira bem simplificada, podemos concluir que Davis afirma que o relevo terrestre, como os seres vivos, tem seu ciclo vital constituído por três fases, que representariam, inicialmente, o momento de sua formação (*juventude*). Esse momento caracteriza-se pelo desequilíbrio entre o canal fluvial e a estrutura por onde ele corre, ocasionando-se forte processo de erosão remontante.

Um segundo momento seria definido como a *maturidade* do relevo, com as formas bem definidas, quando a erosão e a deposição de matéria se equilibram. Isso pode ser exemplificado pelos rios de planalto. Essa fase é anterior a um terceiro momento, o da *senilidade*, quando, após intensos processos erosivos, o relevo apresentar-se-ia com suas formas completamente desgastadas. Nessa fase, os rios são de planície porque as atividades de erosão tendem a cessar.

É o próprio Davis quem afirma, em sua obra "The geographical cycle", de 1899:

> desta breve análise se depreende que um ciclo geográfico pode subdividir-se em várias partes de desigual duração, cada uma das quais se caracteriza por uma energia e um tipo de relevo e por um ritmo de transformação, assim como pela quantia da mudança acumulada desde o começo do referido ciclo. Haverá uma breve juventude caracterizada por um rápido aumento da energia do relevo, uma maturidade com um vigoroso relevo e uma grande variedade de formas, um período de transição, no qual o relevo decresce em pouco tempo ainda que com pouca intensidade, e uma indefinidamente e prolongada velhice caracterizada por um relevo suave, durante a qual as mudanças são muito lentas. Não existe, certamente, solução de continuidade entre estas subdivisões ou etapas; cada uma se subsume na que se segue, ainda que cada uma esteja caracterizada basicamente e diferenciada por traços que não se dão em outras. (p.178-82)

Um dos problemas que, pode-se afirmar, olhando para o passado, houve na teorização de Davis, é que ele não considerou os aspectos exógenos à erosão, ou seja, aqueles decorrentes da dinâmica climática. Essa falha teórica não ocorrerá com as proposições de Walter Penck, na Alemanha, para quem esses aspectos serão considerados.

Baseando-se em Beckinsale & Chorley, Coltrinari (1991, p.5) faz um resumo do que seria, basicamente, o modelo teórico proposto por Davis, ao afirmar que ele está "baseado no desenvolvimento progressivo, sequencial e irreversível – controlado pelo nível de base – de formas de relevo erosivas sob clima úmido". Com essa premissa, pode-se também afirmar que "as formas podem ser descritas e explicadas em relação a uma sequência temporal de estágios (juventude, maturidade e senilidade) que se sucedem durante um longo período de estabilidade posterior a um rápido soerguimento inicial da massa continental". Um pressuposto básico para esse desenvolvimento do relevo seriam "os elementos morfológicos característicos que constituem um conjunto individualizado, próprio de cada estrutura geológica e de cada tipo de processo geomorfológico".

Analisando a contribuição de Davis para a Geomorfologia, Coltrinari (1991, p.86) afirma que ela "reside principalmente na integração e sistematização de conceitos formulados por diversos autores num modelo qualitativo de evolução da paisagem, no qual se reconhece a influência de ideias catastrofistas e evolucionistas".

O ciclo da erosão, considerado pelo próprio Davis como método para se estudar o relevo (método dedutivo), é explicativo ou genético, combina os encaminhamentos dedutivo e indutivo e se caracteriza por alguns elementos.

Considerando essa contribuição como uma metodologia datada e, por isso mesmo, com suas limitações para a leitura do relevo, é preciso relembrar que ela propõe alguns passos básicos.

Inicialmente, é preciso reunir e analisar o material disponível por meio de observações feitas pelo próprio pesquisador ou pela utilização de descrições realizadas por outras pessoas, de várias cartas e documentos geográficos. Em seguida, é preciso induzir as possíveis generalizações para se elaborar as hipóteses que apontem para as explicações necessárias. A partir daí, pode-se deduzir as consequências que derivam de cada hipótese, confrontar essas consequências com os fatos em pauta e mostrar as primeiras conclusões que podem ser consideradas ainda provisórias. O passo seguinte seria rever e aperfeiçoar as explicações concebidas para, finalmente, chegar-se a uma conclusão sobre a capacidade explicativa das diferentes hipóteses. Como é próprio do método hipotético-dedutivo e base fundamental da doutrina positivista, as hipóteses que resistirem às provas (ou, em "sentido popperiano") às quais forem submetidas atingirão o estatuto de teoria que consistirá, por sua própria natureza, em um conjunto de verdades e características que permitirão uma leitura da realidade.

Organizando e denominando um campo específico de estudo da Geografia Física, a Geomorfologia, Davis dá a seus estudos um acento especificamente dedutivo, contrapondo-se ao empirismo meticuloso da corrente geográfica naturalista, principalmente aquela dos autores alemães, cuja característica pode ser compreendida pela observação direta e minuciosa e a consideração das diferenças que se valorizam como o suporte fundamental da verdadeira ciência. No final do século XIX essa corrente foi representada por Albrecht

Penck, que foi o único que se opôs ao davisianismo. Mendoza et al. (1982, p.37) diz que, segundo Penck,

> o método consiste também em descrever, classificar e interpretar a origem e a evolução das formas que apresenta a superfície terrestre, mas considera que para isso é preciso o estabelecimento prévio de uma taxonomia o mais completa possível dessas formas, a elaboração de classificações baseadas na configuração fisionômica, e a consideração de fatores não estritamente geomorfológicos, como o clima e sua evolução e a vegetação passada e atual.

Assim, o rigoroso sistema de trabalho de Penck não pode ser classificado como um método, mas um crescimento em relação ao trabalho de Davis, cuja metodologia apresenta-se "completa, fechada e afirmativa", e que "se encontra muito mais solidificada com as perspectivas científicas" do século XIX, triunfante "sobre outros enfoques aparentemente antiquados, pouco elaborados e com menor aspecto de cientificidade" (ibidem, p.37).

Coltrinari (1991, p.29), baseando-se em vários autores, compara os papéis de Penck e De Martonne, afirmando que "enquanto Penck adota ... uma abordagem hidrológica e fornece poucas informações sobre formas de relevo diferenciadas, De Martonne oferece uma visão abertamente morfológica, recheada de comentários pessoais". Ainda mais: "a diferenciação no desenvolvimento das redes fluviais em função do clima antecipa a abordagem quantitativa, que viria demonstrar posteriormente que as diferenças climáticas originam as variações de alguns parâmetros morfométricos, *utilizando pela primeira vez a expressão* geomorfologia climática" para referir-se às feições geradas sob climas diferentes.

Para finalizar a contribuição de De Martonne, é preciso afirmar que ele considera, em suas descrições dos *fácies topográficos*, "tipos e graus de intemperismo, e o papel da água superficial, controlados pelo clima" que prenunciam "as propostas posteriores de zoneamento morfoclimático" (ibidem, p.30).

Na análise apresentada pudemos ver que:

- a influência do darwinismo, no século XIX, foi muito forte na elaboração da teoria do ciclo de erosão, elaborado por Davis, nos Estados Unidos, quando ele praticamente "fundou" a geomorfologia, da mesma forma que o fora para outras ciências humanas;
- a reação à teoria de Davis levada por Penck mostra que não havia unanimidade na formação do pensamento geográfico, embora na base de seus estudos estivesse o evolucionismo de Darwin;
- muito mais que a discussão do método científico, os geógrafos buscavam elaborar metodologias e procedimentos para a produção do conhecimento;
- o positivismo foi influente na época, e pode ser compreendido pela tendência à verticalização na produção do conhecimento decorrente da crescente especialização e divisão da ciência em disciplinas.

Exemplo da busca de teorias para se explicar as dinâmicas da superfície terrestre, o ciclo de Davis marcava, há cem anos, um momento significativo na busca das leis gerais que poderiam se desdobrar em diferentes áreas.

Do ponto de vista do método, foi o hipotético-dedutivo que orientou o encaminhamento dedutivo de Davis e a "biologização" por ele elaborada do relevo terrestre. Atividades decorrentes da utilização do método podem ser identificadas nessa teoria: a definição prévia, harmonia e equilíbrio entre as variáveis, e o conceito de causa e/ou relação causal como eixo da explicação científica, por exemplo.

A teoria das localidades centrais

Quando se trata de estudos sobre hierarquia urbana, a contribuição que mais influenciou a Geografia é aquela elaborada pelo geógrafo alemão Walter Christaller (1893-1969) em 1933, cujo objetivo maior era explicar a hierarquia das cidades, "com relação ao poder de atração exercido por uma metrópole, em virtude do equipamento nela existente" (Moraes, 1981, p.104).

Berry & Horton (1970, p.170) afirmam que "na teoria dos lugares centrais, o termo 'lugar central' significa 'centro urbano'". Para esses autores, o conteúdo da teoria pode ser englobado em suas definições, relações e consequências:

> 1. Termos definidos incluídos: a) um lugar central, b) uma mercadoria central, c) uma região complementar.
> 2. Relações específicas incluídas: a) variações nos preços das mercadorias centrais como distância do ponto das trocas de suprimentos, b) comportamento explícito extremo na distribuição e no consumo de mercadorias ... c) limites internos e externos para o rol de distâncias segundo os quais as mercadorias centrais podem ser vendidas, d) relações entre o número de mercadorias vendidas de um lugar central e a população desse lugar.
> 3. Balanço que utilizou os termos definidos e as relações específicas ... e descreveu o arranjo dos lugares centrais e das regiões complementares considerados. (ibidem, p.171)

Finalmente, os aspectos essenciais deste último elemento seriam:

> 1 *áreas hexagonais* de mercado para cada ponto das mercadorias centrais,
> 2 superposição de hexágonos,
> 3 rotas de transporte servindo o sistema de cidades. (ibidem, p.171)

Brian Berry (1971, p.76) afirmou que

> para uma compreensão científica da geografia do comércio varejista e das empresas de serviços, é necessário que essas regularidades possam ser preditas em virtude de uma teoria. Idealmente, uma teoria deveria compreender um mínimo de supostos e postulados e, a partir deles, obter por dedução lógica as regularidades.

Um primeiro aspecto da teoria já pode ser registrado a partir dessa afirmação: seu caráter ligado à lógica interna do método hipotético-dedutivo, por partir do pressuposto de que é necessário especificar as "regularidades".

Para Christaller, segundo Corrêa (1989, p.21), "existem princípios gerais que regulam o número, tamanho e distribuição dos núcleos de povoamento: grandes, médias e pequenas cidades, e ainda minúsculos núcleos semi-rurais, todos considerados como localidades centrais" porque todos são dotados de *funções centrais* ("atividades de distribuição de bens e serviços para uma população externa, residente na região complementar" ou "de influência"), "em relação à qual a localidade central tem uma posição central". Enfim, a *centralidade* "de um núcleo, refere-se ao seu grau de importância a partir de suas funções centrais: maior número delas, maior a sua região de influência, maior a população externa atendida pela localidade central, e maior a sua centralidade".

Segundo Berry (1971, p.77), são Christaller e Lösch que "estão de acordo na distribuição espacial dos estabelecimentos que se requer para lograr a distribuição ótima de uma determinada mercadoria a uma população dispersa". Para isso, "as hierarquias de Christaller são mais úteis para a análise dos comércios varejistas e das empresas de serviços no setor terciário".

Outro aspecto dessa teoria já se torna claro: o pressuposto de que a busca da melhor forma de distribuição do fenômeno implica, teoricamente, a concepção do espaço como elemento homogêneo, ou seja, como o "espaço-plano".

Para Johnson (1974, p.141-2), "em síntese, segundo a teoria de Christaller, as cidades de nível de especialização mínima acham-se distribuídas uniformemente e estão rodadas por *hinterlândias* de forma hexagonal" seguindo o que ele chamou de "princípio de mercado", caracterizado pelo "fator mais importante que guia a distribuição dos assentamentos urbanos é a necessidade de que os lugares centrais estejam tão próximos o quanto seja possível dos clientes aos quais servem".

Outros dois conceitos definidos por Christaller são: *alcance espacial máximo* ("área determinada por um raio a partir da localidade central", dentro da qual "os consumidores efetivamente deslocam-se para a localidade central visando a obtenção de bens e serviços"), e *alcance espacial mínimo* ("área em torno de uma localidade central que engloba o número mínimo de consumidores que são suficientes para que uma atividade comercial ou de serviços, uma função central, possa economicamente se instalar") (apud Corrêa, 1989, p.21).

Dessa maneira, para que possamos entender bem a proposição metodológica dessa teoria, podemos notar alguns aspectos básicos da natureza da hierarquia urbana: – "maior o nível hierárquico de uma localidade central, menor o seu número e mais distanciada está ela de uma outra de mesmo nível"; – "maior o nível hierárquico de um centro, maior a sua hinterlândia e maior o total de sua população atendida"; – "mais alto o nível hierárquico, o número de funções centrais é maior do que em um centro de nível inferior" etc.

A formação das redes leva a uma configuração hexagonal no inter-relacionamento entre as cidades, com a principal delas (o lugar mais central), ocupando o centro do hexágono, em relação às outras localidades menores. Ainda é Corrêa (1989) quem afirma que, para Christaller, pode haver arranjos espaciais segundo seus modos de organização da rede: as possibilidades baseiam-se nos princípios de *mercado* ("para cada centro de um dado nível hierárquico, três centros de nível imediatamente inferior"); de *transporte* ("existe uma minimização do número de vias de circulação", pois "os principais centros alinham-se ao longo de poucas rotas"); e o de *administração* (onde não há "superposição de áreas de influência, como ocorre nos dois modelos anteriores") (ibidem, p.30-2).

Algumas objeções teóricas foram feitas a essa teoria. Para Johnson (1974, p.145), "as *hinterlândias* solapadas são um dado corrente em todo país que possui meios de transporte bem desenvolvidos, enquanto Christaller partiu do suposto de que as hinterlândias das cidades de nível de especialização similar não se solapam". Por outro lado, "a presença de um grande núcleo urbano tende a frear o crescimento das aglomerações menores e menos especializadas das proximidades, mesmo que se situem à distância correta" segundo esse modelo. Outra crítica a essa teoria decorre do fato de que é muito difícil imaginar uma rede de cidades que se organize e funcione exatamente na conformidade de hexágonos superpostos.

Um aspecto muito importante para a compreensão da realidade, que foi negligenciado pela teoria, foi aquele referente à perspectiva histórica da formação das cidades e de sua constituição em redes: "todas as aglomerações urbanas cresceram como resultado de um processo histórico, passando por uma série de situações técnicas diferentes, mas as cidades fundadas no passado não desaparecem, senão que continuam funcionando na paisagem atual" (ibidem, p.146).

Para Johnson (1974, p.148), ainda que Christaller tenha se inspirado "na geografia de uma área real, sua teoria dos lugares centrais está interessada basicamente na obtenção de um modelo teórico do que deveria ser a realidade, dados certos supostos básicos", porque a hierarquia urbana proposta "produziria uma disposição escalonada de tamanhos urbanos, enquanto que a regra de ordem-tamanho implica num aumento suave do tamanho da população de uma ordem para outra" (ibidem, p.148), mostrando-se "a importância que tem a função de uma cidade como lugar central na determinação de seu número de habitantes" (ibidem, p.150).

Algumas características da teoria podem ser indicadas. Uma delas é sua natureza idealista por considerar o espaço como um plano homogêneo, sem limites, e, quando considera a história, ela é vista como uma determinação linear ou cronológica.

Essa teorização, elaborada a partir da realidade da Alemanha antes da Segunda Guerra Mundial e cujo texto foi traduzido para o inglês de maneira fragmentada, foi fundamental para a disseminação do neopositivismo na Geografia, fundado numa linguagem matemática, que deveria ser universal para os estudos geográficos. Houve um movimento de disseminação dessa linguagem, que se propunha o caminho mais científico para a Geografia, para superar o empirismo dos estudos anteriores, a partir do mundo anglo-saxônico, que foi adotado no Brasil pelo IBGE e por geógrafos que trabalhavam na Unesp de Rio Claro-SP, e nas universidades federais do Rio de Janeiro e da Bahia.

Quais as características do neopositivismo? Como doutrina, essa corrente é semelhante ao positivismo comteano. Ela é resultado de um grupo de estudos que se reunia sistematicamente, na década de 1930, em Viena, na Áustria, debatendo o conhecimento científico e principalmente o método. As figuras mais conhecidas desse grupo foram Schlick (1882-1936), Neurath (1882-1945), Carnap (1891-1969), Wittgenstein (1889-1951), Russel (1872-1970) e Popper (1902-1994).

As características básicas do neopositivismo podem ser resumidas da seguinte maneira:

1 "É verdadeiro somente aquilo que pode ser verificado pela experiência, pelos sentidos, pela pesquisa".
2 "Os princípios lógicos e matemáticos, embora alcançados imediatamente por intuição, sem necessidade de verificação científica, são aceitos pelos neopositivistas".
3 A ciência começa pela avaliação dos fenômenos e só poderá ser chamado de científico aquilo que for deles deduzido. Logo, "a lógica da pesquisa científica é indutiva, ou seja, aquela que parte do particular para o universal".
4 "A filosofia tradicional não tem sentido, pois suas conclusões são abstratas, e portanto desligadas dos fenômenos particulares da realidade".
5 A filosofia neopositivista "deverá somente examinar e esclarecer a linguagem científica para eliminar os falsos problemas e dizer o que é exprimível ou não na ciência". (Oliveira, 1990, p.58)

A linguagem científica à qual se referem os neopositivistas é a matemática, linguagem universal que teria o papel de exprimir o conhecimento científico e unificar todas as ciências.

Assim, eles se propõem a "uma declarada atitude antifilosófica e antimetafísica"; a realizar investigações empíricas absolutas; a utilizar, para expressar as verdades científicas, a "linguagem da lógica e da logística"; e a matematizar todas as ciências (ibidem, p.58).

Ao reanalisar a teoria das localidades centrais, Corrêa (1982, p.168), afirma que

> não se produziu, entre os estudos sobre centros de mercado, um conhecimento crítico sobre sociedade e espaço, constituindo-se os estudos produzidos, em muitos casos, em uma ideologia, escamoteando a rea-

lidade, onde se pesquisam corretamente coisas que, no melhor dos casos, representam um pensamento não crítico, e no pior, estão fora da realidade. Assim, considera-se que as trocas se fazem entre seres socialmente semelhantes, sem distinção de classes sociais, derivando um padrão de equilíbrio na sociedade.

Gonçalves (1982, p.107), ao analisar, no início dos anos 1980, aquilo que ele chamou "a crise da geografia", afirma que a

> hegemonia que a chamada "visão espacial" começava a exercer, através das teorias de localidades centrais ou de outros nomes como a teoria dos polos de desenvolvimento ou a teoria de difusão de inovações, não se deveu ao fato de ter apreendido o movimento real que governa a natureza do espaço, mas porque atendia aos novos interesses de um modo de produção incapaz historicamente de superar os problemas que criou.

A contribuição da Geografia pode ser também assim explicada:

> sem romper com os fundamentos teóricos e filosóficos da geografia tradicional, a chamada "nova geografia" não fez mais que precisar (matematicamente) as imprecisões da geografia tradicional e, assim, viria a facilitar a identificação dos seus problemas. Esta sim sua maior contribuição. (ibidem, p.106)

A teoria das localidades centrais foi importante para a formação de um discurso que baseou grande parte da produção geográfica (conhecida como geografia *neopositivista* ou *quantitativa*) nos Estados Unidos, Inglaterra e no Brasil, e que teve, além de outros já citados, o mérito de ser o pivô de uma reação fundamental para o pensamento geográfico, que pode ser identificada como aquilo que passou a se chamar de geografia *crítica* ou *radical* ou *marxista*, em suas mais diferentes nuanças.

Consubstanciada pelo método hipotético-dedutivo, essa teoria exemplifica algumas características fundamentais da tendência neopositivista que se consolida antes da Segunda Guerra Mundial: a linguagem matemática, a utilização de modelos, a adoção do espaço como um plano, sem rugosidades, sobre o qual as atividades se estabelecem segundo variáveis pré-concebidas e o distanciamento ideológico do cientista como produtor neutro do conhecimento.

Os dois circuitos da economia urbana

Outra teoria que se tornou importante para os estudos de Geografia Urbana foi aquela denominada "os dois circuitos da economia urbana", elaborada por Milton Santos, tema central do livro *O espaço dividido*, publicado no Brasil em 1979, a partir de seus estudos e experiências profissionais em vários países, como Tanzânia, Estados Unidos, Venezuela e França, onde trabalhou em importantes universidades.

A teoria não foi elaborada nesse ano. Ela foi sendo construída aos poucos, como comprova artigo do mesmo autor, publicado em 1977, no Brasil, tendo sido publicado anteriormente em inglês.

Nesse artigo, Santos (1977, p.53) inicia afirmando que se refere ao que chama de "problema", "à existência, nas cidades de países subdesenvolvidos, de dois sistemas de fluxo econômico, cada um sendo um subsistema do sistema global que a cidade em si representa".

Refutando a possibilidade de uma interpretação dualista da economia nas cidades de países subdesenvolvidos, Santos (1977, p.35-6) afirma que os dois subsistemas são produtos "de uma só e mesma articulação causal", porque "é o resultado do mesmo grupo de fatores" que pode ser identificado como a modernização tecnológica.

A gênese dos dois fluxos está, para o autor, nas "tendências de modernização contemporânea" que são

> controladas pelo poder da indústria em grande escala, basicamente representada pelas firmas multinacionais, pelo peso esmagador da tecnologia que dá à pesquisa um papel autônomo dentro do sistema e por alguns de seus suportes, tais como as modernas formas de difusão da informação. (ibidem, p.36)

Santos (1979) busca, também, em crítica explícita à corrente das planificações em voga nos anos 1950 e 1960 e seus "atrasos teóricos", inserir na análise do urbano a *dimensão histórica* e a *especificidade do espaço do Terceiro Mundo*, propondo uma nova forma de abordagem, ao sugerir a existência do *circuito inferior* na economia, que seria constituído pelas "atividades de fabricação tradicionais, como o artesanato, assim como os transportes tradicionais e a prestação de serviços" (ibidem, p.17).

Outra característica de sua obra é que ela procura teorizar somente a partir de e para os países subdesenvolvidos. Como referências, Milton Santos utiliza, por exemplo, a modernização tecnológica, referindo-se a "uma inovação vinda de um período anterior ou da fase imediatamente precedente" (ibidem, p.25), reduzindo a demanda de produtos locais e criando número limitado de empregos (ibidem, p.28-9), o que lhe dá um caráter *prospectivo*, pois o problema do desemprego entra fortemente na literatura acadêmica apenas quando os efeitos da crise econômica europeia atingem os países periféricos em meados dos anos 80.

Os circuitos seriam, assim, definidos por: "1) o conjunto das atividades realizadas em certo contexto; 2) o setor da população que se liga a ele essencialmente pela atividade e pelo consumo" e, ainda: seriam identificados pelas diferenças de tecnologia e de organização (ibidem, p.33), criando-se uma *bipolarização* e não um dualismo, porque não haveria nem circuito intermediário nem *continuum*.

Vamos agora verificar as características de cada um dos circuitos.

O circuito superior seria caracterizado por:

- o comércio varejista moderno;
- a indústria, mesmo que, nos países subdesenvolvidos, representada pelas servidões à tecnologia externa (equipamentos, *know-how*, capital etc.), e o comércio de exportação;
- os bancos, elo para a exportação de divisas a partir dos países subdesenvolvidos;
- pela dependência ao setor externo, representado por firmas multinacionais e conglomerados.

Em resumo, o circuito superior seria definido por: capital abundante; tecnologia mais avançada na produção; exportação dos produtos acabados; organização bem burocratizada; assalariamento de toda a força de trabalho; e grande estocagem de produtos. A essas características, que estão organizadas no Quadro 5, pode-se acrescentar a proporção de área ocupada pelos estabelecimentos em relação à área do equipamento econômico urbano e sua localização periférica, buscando ou se utilizando de instalações ora existentes ou mesmo de áreas antes não pertencentes ao perímetro urbano.

Por fim, e não menos importante, "a modernização acarreta um deslocamento da decisão e da dependência sob formas variadas", pois "no nível da cidade isso se exprime pela não integração das atividades do circuito superior" (ibidem, p.94).

Outro importante elemento ligado ao circuito superior é o Estado, mediante suas políticas de desenvolvimento, financiando e favorecendo as grandes firmas pelas políticas de impostos e como fornecedor de infraestruturas, que se empobrece paulatinamente, tornando-se assim cada vez "menos Estado" (ibidem, p.135).

Neste ponto, é preciso fazer mais uma inferência a partir do conceito de Estado trabalhado na obra ora analisada: o Estado apresenta seu caráter eminentemente econômico, superando sua capacidade política de articulações. Esse *facies* é resultado da construção da teoria e do momento em que ela se insere na produção geográfica, muito marcada pela obra de Marx que, em sua base, privilegia os aspectos econômicos em relação aos outros aspectos da cidade.

Por sua vez, o circuito inferior seria caracterizado por:

- subemprego, não emprego ou terciarização;
- pobreza, tanto no campo quanto na cidade, gerando explorados e oprimidos e não econômica ou politicamente marginais; e
- seria original e complexo, compreendendo "a pequena produção manufatureira, frequentemente artesanal, o pequeno comércio de uma multiplicidade de serviços de toda espécie", cujas unidades "de produção e de comércio, de dimensões reduzidas, trabalham com pequenas quantidades" (ibidem, p.155), com pulverização de atividades e estoques reduzidos (trabalho em casa e vendedores de rua).

Quadro 7 – Características dos dois circuitos da economia urbana dos países subdesenvolvidos

	Cicuito superior	Circuito inferior
Tecnologia	Capital intensivo	Trabalho intensivo
Organização	Burocracia	Rudimentar
Capital	Abundante	Escasso
Trabalho	Limitado	Abundante
Salário	Regular-normal	Não necessariamente
Balanços	Grandes quantidades e/ou alta qualidade	Pequenas quantidades, baixa qualidade
Preços	Geralmente fixados	Geralmente negociáveis entre comprador e vendedor
Crédito	De bancos e outras instituições	Pessoal, não institucional
Lucros	Reduzidos por unidade, mas a importância é dada ao volume dos negócios (exceto itens de luxo)	Elevados por unidade, porém pequenos em relação ao volume de negócios
Relação com a clientela	Impessoal e/ou através de documentos	Direta, pessoal
Custos fixos	Importante	Negligenciável
Publicidade	Necessária	Nula
Reutilização de bens	Nenhuma, desperdiçada	Freqüente
Grande capital	Indispensável	Dispensável
Ajuda governamental	Importante	Nula ou quase nula
Dependência direta de países estrangeiros	Grande; atividades orientadas para o exterior	Pequena ou nula

Fonte: Santos (1977).

Dessa maneira, o "controle dos custos e dos lucros é raro" e "a contabilidade praticamente ausente", com um sistema "dos negócios frequentemente arcaico", com equipamento "de má qualidade, por falta de dinheiro", sendo comum a venda direta (ibidem, p.156). O setor de serviço poderia caracterizar também facilmente o circuito inferior, que resulta "de uma situação dinâmica e engloba atividades de serviço como a doméstica e os transportes, assim como as atividades de transformação como o artesanato e as formas pré-modernas de fabricação, caracterizadas por traços comuns que vão além de suas definições específicas e que têm uma filiação comum" (ibidem, p.158).

Santos (1978, p.160) afirma, também, que "o trabalho é o fator essencial no circuito inferior, quando no circuito superior é o capital" (p. 160) e, "se no circuito moderno as linhas de crédito são abertas seletivamente para estimular a produção, no circuito inferior são as necessidades de consumo que estão na origem do crédito" (ibidem, p.189). Ainda: há uma dependência, no caso do circuito inferior, dos intermediários, representados por atacadistas e transportadores. "Os elementos essenciais do funcionamento do circuito inferior são o crédito, os intermediários financeiros e o dinheiro líquido" (ibidem, p.179), sendo que o lucro é menos importante que a sobrevivência (ibidem, p.193).

Haveria também um circuito superior marginal como "resultado da sobrevivência de formas menos modernas de organização ou a resposta a uma demanda incapaz de suscitar atividades totalmente modernas" comportando um caráter "residual e outro emergente", este último dominando nas cidades intermediárias (ibidem, p.80).

Para ele, a *dialética* espacial entre os dois circuitos seria representada pela "conquista do mercado e o domínio do espaço", representada "pela tendência do circuito superior a unificar totalmente o mercado e do circuito inferior a reclamar uma parte na organização do espaço e a se colocar em concorrência com o circuito superior" (ibidem, p.281), "essa organização do espaço leva pois à perpetuação tanto do circuito superior marginal como, e principalmente, do circuito inferior. Mas a própria organização do espaço é função da estrutura da produção, também responsável pelo empobrecimento na periferia" (ibidem, p.289).

Do ponto de vista da *construção metodológica*, podemos dizer que Milton Santos contribui, além do avanço da proposta teórica dos dois circuitos, para uma explicação a partir da investigação *dialética*; sem eliminar, contudo, elementos estruturalistas de seu pensamento. Esse fato carrega o mérito de se esboçar uma teoria exercitando-se o método, a partir do raciocínio *dedutivo*.

É necessário também refletir sobre a repercussão da teoria no pensamento geográfico e o exercício para sua compreensão e superação: podemos concluir que a teoria, produzida a partir de uma realidade, não foi a ela exaustivamente aplicada pelos geógrafos do Terceiro Mundo (no Brasil, pelo menos, a partir da bibliografia que conhecemos), procurando elaborar contribuições para a sua discussão.

É preciso, no entanto, lembrar a atualidade e o caráter prospectivo da teoria, porque ela adianta: a) o papel do desenvolvimento e da dependência tecnológica na estruturação da economia de uma cidade e, mais amplamente, de um país do Terceiro Mundo; b) os fluxos de transferências de recursos; c) a segregação de certos lugares, através da sua não integração, ao sistema mundial de relações e da existência de setores preferenciais para os investimentos estrangeiros; d) a dependência do setor externo; e) o papel do sistema bancário etc. Além disso, ela comporta o conceito de formação social, como componente teórico subjacente.

A mundialização do capital e o caráter perverso da sua acumulação que se tornou claro a partir dos anos 80 do século XX, regulado pelas relações desequilibradas nas balanças de pagamentos entre os países que ganham e os países que perdem; os processos de globalização exemplificados pela expansão do consumo de mercadorias, diferenciando os lugares; a formação de redes de cidades mundiais, articuladas num nível superior em relação ao restante das outras grandes cidades e principalmente das localidades menores: essas tendências já estavam antecipadas pela teoria dos dois circuitos da economia urbana. E acreditamos, ao dizer isso, não estar forçando conclusões apressadas. Basta verificar os elementos considerados na elaboração da teoria citada e os elementos que foram privilegiados, posteriormente, nas análises da economia urbana dos países subdesenvolvidos.

Como a produção do conhecimento científico faz-se de maneira contínua, vários elementos considerados pela teoria foram apontados concomitantemente ou até mesmo de maneira antecipada com relação a teorias que, partindo da realidade dos países desenvolvidos, buscaram explicar a mundialização da economia. Ela já mostrava, em outras palavras, o papel e a persistência de mecanismos de produção decorrentes do modelo fordista na produção de mercadorias industrializadas nos países subdesenvolvidos.

Sabemos também que, para que o pensamento geográfico se consolide, é preciso que se faça a epistemologia do conhecimento produzido, com vistas a se esgotar e superar paradigmas e, além do mais, exemplificar através do exame de casos particulares, como se pode compreender e transformar as teorias.

A teoria dos dois circuitos apresenta, do ponto de vista do método, sua construção a partir da dualidade, constituída historicamente, presente na economia urbana dos países pobres, como situação concreta. Suas bases ideológicas vão além da tomada de consciência que, desde os anos 1950, marcaram as teorizações sobre o desenvolvimento.

Breve conclusão sobre o método e as teorias

As três teorizações apresentadas, examinadas não só por suas componentes expostas por vários autores, mas também por meio de uma leitura pelos métodos que nortearam suas construções, permitem-nos ter uma visão de três momentos do pensamento geográfico. Esses momentos exemplificam, além dos aspectos diretamente ligados à Geografia, as condições tecnológicas e filosóficas de, aproximadamente, um século de reflexão.

Os exemplos que expusemos podem ser assim comparados:

1) Sobre a teoria do ciclo de erosão: a ênfase na força dos elementos da natureza, comparados às fases do ser humano, numa clara "biologização" dos aspectos físicos da paisagem, efetivou-se pelo exercício do método hipotético-dedutivo. Essa dedução também leva à conclusão de que os aspectos formais da teoria sobressaem-se na maneira como se organiza a própria estruturação da teoria.

2) Sobre a teoria das localidades centrais: a leitura sistêmica que, ao se realizar, elabora modelos abstratos de interpretação da organização do espaço, também foi organizada pelo método hipotético-dedutivo em um momento posterior àquele de grande influência comteana: é o neopositivismo que inspira, como doutrina, esse momento da ciência empírica. Nessa teoria, a lógica formal direciona o

movimento dedutivo dos raciocínios que permitem a formalização da teoria.

3) Sobre a teoria dos dois circuitos da economia urbana: a incorporação de elementos da dinâmica socioeconômica para a leitura do espaço urbano em países subdesenvolvidos é realizada pelo exercício do método dialético com forte influência do estruturalismo que não prejudica, em grande parte, a lógica dialética na definição e comparação dos elementos contraditórios que a teoria contém em seu embasamento. As evidências empíricas, tratadas em bases materialistas e racionalistas, que auxiliaram na elaboração dessa teoria, também ficam evidentes como elementos necessários na leitura das relações sociais.

CONSIDERAÇÕES FINAIS

Uma proposta de metodologia de ensino do pensamento geográfico, como a que esboçamos, não tem a pretensão de ser a única. Considerando que o conhecimento é universal, contextualizado e atualizado, outras pessoas devem estar pensando no mesmo assunto e, portanto, estabelecendo outros parâmetros para a tarefa de se relacionar o método, a teoria do conhecimento e o pensamento geográfico.

Essa tarefa também não se pretende única e disciplinar. A nossa preocupação é, como já foi explicitado no decorrer deste texto, superar, na medida do possível, a limitação que a divisão do conhecimento em disciplinas provoca no conhecimento. Se, por um lado, a pulverização do conhecimento em inúmeras disciplinas possibilitou a verticalização da investigação científica e, por conseguinte, o aprofundamento em várias áreas do conhecimento, por outro, ela foi limitando, principalmente aqueles que se acomodaram em seus nichos intelectuais, sem a reflexão necessária e pertinente ao pensador, porque a perda da noção de totalidade (ou de todo, dependendo da referência epistemológica que adotamos) comprometeu muitas investigações. A inteligência não pode ser parcelada, mecanicista (lembrando Edgar Morin), para não fracionar problemas mas, contrariamente, a nosso ver, compreendê-los em suas múltiplas determinações.

As razões de se fazer ciência, que foram mudando os paradigmas, identificados com as perguntas *por quê, como* e *para quê*, transformaram também a humanidade e foram por ela transformados.

Observe-se que uma proposta de metodologia de ensino do pensamento geográfico teve como estruturação o método, a teoria do conhecimento e o que foi elaborado e que se identifica com o vasto temário da Geografia.

O primeiro elemento, o método, repetimos, por nós foi enfocado a partir dos principais paradigmas conhecidos na ciência. A insistência na existência de três, e não mais que três, métodos distintos não deve comparecer como limitação paradigmática ou como provocação à liberdade de pensamento. Acreditamos que é apenas absorvendo os métodos, incorporando e fazendo a reflexão dos paradigmas, fazendo a leitura verticalizada do conhecimento, que poderemos superar as suas contribuições (ou o seu papel) e as suas próprias limitações.

A superação, no atual contexto científico "ocidental", que poderá mostrar outros caminhos para a crise paradigmática que ora vivemos, só ocorrerá a partir do momento que todas as possibilidades dos métodos (e de outros elementos filosóficos que ora não vamos discutir) estiverem esgotadas.

É nesse movimento de respeitar os paradigmas para negá-los e de superá-los após sua utilização máxima que poderemos contribuir para a compreensão do pensamento geográfico.

Para ampliar um pouco mais nossa reflexão, não se pode negligenciar o papel da ciência. A humanidade, que ao longo do século XX, viveu avanços tecnológicos nunca dantes vistos, sofreu também com as especializações, a falta de reflexão do seu próprio poder de criação e destruição. Como a ciência só existe como produto da abstração, do trabalho da inteligência humana para a humanidade, é contextualizando-a socialmente que precisamos abordá-la.

Não se pode isolar o cientista e sua produção do seu grupo social, de seu laboratório, de sua universidade, de sua comunidade, para compreender sua contribuição científica. A complexidade das relações sociais e individuais na elaboração coletiva (pois não se pode mais compreender o "cientista Robinson Crusoé", aquele pensador solitário, isolado em seu gabinete, "descobrindo" novas ideias sozinho) do conhecimento exige a compreensão das características humanas do próprio ser humano e de suas contradições inerentes exatamente por ser humano.

Isso não elimina a utopia ou a necessidade de se ter clareza da ideologia subjacente à produção intelectual. A utopia é necessária porque ela permite pensar na frente, permite elaborar esquemas abstratos e provocar o surgimento de novas ideias. A ideologia também é necessária porque as pessoas precisam compreender claramente os diferentes papéis que cabem a elas mesmas na conjugação de forças que são as relações sociais, que se exprimem tanto na divisão do trabalho quanto no cotidiano do indivíduo concreto.

Não cabe aqui negar as contracorrentes que vão surgindo para se tornar antagônicas aos paradigmas hegemônicos. Cabe, no entanto, aceitá-los deixando claro que as opções metodológicas (e doutrinárias, e ideológicas), com todas as suas imbricações têm que ser assumidas cientificamente.

Assim, a teoria do conhecimento, com todos os seus elementos permeados pela linguagem, não prescinde das novidades contemporâneas, como os novos significados dos avanços tecnológicos e das superposições de fronteiras culturais e de suas decorrências, como eliminação de hábitos e palavras e superação de técnicas, bem como da incorporação de hábitos, palavras e técnicas.

O nosso recorte adotado neste texto não foi aquele que privilegia a cultura, mas não podemos negar seu papel na produção e disseminação do conhecimento científico.

O último elemento de nossa proposta metodológica foi o próprio conhecimento norteado por um temário geográfico que se consolidou nos dois últimos séculos. As referências que adotamos (conceitos, temas e teorias) são apenas algumas possibilidades apontadas na relação ensino-aprendizagem do pensamento geográfico. Os conceitos, com suas conformações históricas e muitas vezes confundidos com as categorias, devem ser estudados para que a realidade que os condicionou possa ser bem compreendida e que, num momento seguinte, eles possam ser superados, pela incorporação de novos dados e pelas transformações em sua própria historicidade.

Os temas apontados permitem, a nosso ver, partirmos tanto dos fatos que movimentam a comunidade geográfica como dos que demonstram o movimento desigual e combinado da humanidade.

Por sua vez, as teorias apresentadas são apenas três entre as inúmeras teorias que auxiliam o geógrafo na leitura da realidade.

Outras referências podem ser apontadas. O pensamento geográfico pode ter como fio condutor a biografia de um geógrafo, cuja obra, uma vez devidamente contextualizada historicamente, poderá fornecer possibilidades de intersecção com outras formas de conhecimento ou com outros pensadores, para o confronto de ideias e de teorias.

Acreditamos, por fim, que é preciso refletir sobre um aspecto importante para a reflexão epistemológica: depois de vários anos trabalhando, no âmbito da pós-graduação, com a metodologia científica em Geografia, o aprofundamento na discussão do método foi se tornando, a cada dia, um exercício importante para os debates com os orientandos (mestrandos e doutorandos) e os alunos que vinham seguir nossa disciplina.

As atividades acadêmicas foram importante referência para a decisão de se discutir temáticas tão complexas como aquelas que apresentamos neste texto. A participação em eventos científicos, em bancas examinadoras de teses e dissertações e de concursos públicos, em debates sobre o pensamento geográfico foram, aos poucos, motivando-nos na presente escolha.

Toda tentativa de leitura epistemológica do conhecimento geográfico apresenta suas limitações. É preciso estar ciente das limitações causadas pela complexidade do método, pelas características da linguagem como mediação universal na elaboração das ideias e pelos aspectos ideológicos presentes no quotidiano do pesquisador.

Quando a profissão do pesquisador coincide com a do professor ou dela se desdobra o diálogo torna-se mais imprescindível e constante, porque é nas salas de aulas, no gabinete e nos corredores da universidade que as ideias vão sendo conjugadas em raciocínios que possibilitam o surgimento de novas ideias, conclusões e novos questionamentos.

Queremos deixar claro, neste final de texto, que a presente contribuição tem, também, o objetivo de provocar novos debates, porque é nossa intenção que questões não tocadas ou apenas tangenciadas, neste texto, possam ser objeto de estudo de outros geógrafos, para que o pensamento geográfico continue presente na produção do conhecimento geográfico.

Referências bibliográficas

ABREU, A. A. Geomorfologia: uma síntese histórico-conceitual. *Boletim Goiano de Geografia (Goiânia)*, v.2, n.1, p.89-91, 1982.

ALEGRE, M. Cinquenta anos de AGB – 1934-1984. *Boletim do Departamento de Geografia* (*Maringá*), p.5-13, 1984.

ALLIÈS, P. *L'invention du territoire.* Grenoble: Presses Universitaires de Grenoble, 1980.

ALVES, R. *Conversas com quem gosta de ensinar.* São Paulo: Cortez, 1983.

ANDRADE, M. C. de. *Geografia, ciência da sociedade*: uma introdução à análise do pensamento geográfico. São Paulo: Atlas, 1987.

ASSOCIAÇÃO DOS GEÓGRAFOS BRASILEIROS. *Guia de excursões.* Presidente Prudente: AGB, 1972.

BADIE, B. *La fin des térritoires.* Paris: Fayard, 1995.

BAILLY, Antoine et al. *Encyclopédie de Géographie*. Paris: Economica, 1993.

BAUMAN, Z. *O mal-estar da pós-modernidade.* Rio de Janeiro: Jorge Zahar, 1998.

BERMAN, M. *Tudo que é sólido desmancha no ar.* São Paulo: Companhia das Letras, 1990.

BERRY, B. J. L. La teoría clásica de los lugares centrales. In: BEREY, B. J. L. *Geografía de los centros de mercado y distribución al por menor.* Barcelona: Vicens-Vives, 1971. p.76-94.

BERRY, B. J. L., HORTON, F. E. Central-place theory. In: BERRY, J. L., HORTON, F. E. *Geographic Perspectives on urban systems.* Englewood Cliffs: Prentice-Hall, 1970. p.169-75.

BOTTOMORE, T. (Ed.) *Dicionário do pensamento marxista.* Rio de Janeiro: Jorge Zahar, 1988.

BOURDIEU, P. *Razões práticas*: sobre a teoria da ação. Campinas: Papirus, 1996.

BURTT, E. A. *As bases metafísicas da ciência moderna.* Brasília: UnB, 1991.

CAPEL, H. *Filosofía y ciencia en la geografía contemporánea.* Barcelona: Barcanova, 1981.

CARLOS, A. F. A. (Org.) *Novos caminhos da Geografia.* São Paulo: Contexto, 1999.

CASTELLS, M. *Lutas urbanas e poder político.* Porto: Firmeza, 1976.

CASTRO, I. E. de. et al. (Org.) *Geografia: conceito e temas.* Rio de Janeiro: Bertrand Brasil, 1995.

CASTRO, I. E. de, MIRANDA, M., EGLER, C. A. G. *Redescobrindo o Brasil 500 anos depois.* Rio de Janeiro: Bertrand Brasil, 1999. p.347-59.

CHAUI, M. et al. *Primeira filosofia*: lições introdutórias. São Paulo: Brasiliense, 1986.

CHEPTULIN, LEXANDRE. *A dialética materialista*: categorias e leis da dialética. São Paulo: Alfa-Ômega, 1982.

CHESNAIS, F. *La mondialisation du capital.* Paris: Syros, 1994.

CLAVAL, P. *La Géographie au temps de la chute des murs.* Paris: L'Harmattan, 1993.

CLERC, D. Em direção a uma economia multipolar. In: CORDELIER, S., LAPAUTRE, C. (Coord.) *O mundo hoje/1993*: anuário econômico e geopolítico mundial. São Paulo: Ensaio, 1993. p.440-2.

COLECTIVO DE GEÓGRAFOS. *La Geografia al servicio de la vida (antología) – Elisée Réclus.* Barcelona: Editorial 7 ½, 1980.

COLTRINARI, L. (Org.) Davis & De Martonne. *Seleção de textos.* São Paulo: AGB, n.19, 1991.

CORRÊA, R. L. Geografia brasileira: crise e renovação. In: MOREIRA, R. (Org.) *Geografia: teoria e crítica.* Petrópolis: Vozes, 1982. p.115-21.

CORRÊA, R. L. Repensando a teoria das localidades centrais. In: MOREIRA, R. (Org.) *Geografia: teoria e crítica*. Petrópolis: Vozes, 1982. p.167-84.

______. *A rede urbana*. São Paulo: Ática, 1989.

CORRÊA, R. L. *Espaço, um conceito-chave da Geografia*. In: CASTRO, I. E. et al. (Org.) *Geografia: conceitos e temas*. Rio de Janeiro: Bertrand Brasil, 1995. p.15-47.

______. *Trajetórias geográficas*. Rio de Janeiro: Bertrand Brasil, 1997.

DAVIS, W. M. *The geographical cycle*. *Geographical Journal*, v.14, p.481-504, 1899.

DELEUZE, G., GUATTARI, F. *O que é Filosofia?* São Paulo: 34, 1992.

DI MÉO, G. *L'homme, la société, l'espace*. Paris: Anthropos / Economica, 1991.

DOWBOR, L. Governabilidade e descentralização. *São Paulo em Perspectiva (São Paulo)* Sead, v.10, n.3, p.21-31, 1996.

ECHEVERRÍA, B. *Las ilusiones de la modernidad*. México: Unam, 1995.

ESPACESTEMPS. *Les apories du térritoire*. Paris: EspacesTemps, n.51/52, 1993.

FEYERABEND, P. *Contra o método*. Rio de Janeiro: Francisco Alves, 1989.

______. *Matando o tempo*. Uma autobiografia. São Paulo: Editora UNESP, 1996.

FONSECA, F. P., OLIVA, J. T. A Geografia e suas linguagens: o caso da Cartografia. In: CARLOS, A. F. A. (Org.) *A Geografia na sala de aula*. São Paulo: Contexto, 1999. p.62-78.

FOSTER, J. B. Em defesa da História (posfácio). In: WOOD, E. M., FOSTER, J. B. *Em defesa da História. Marxismo e pós-modernismo*. Rio de Janeiro: Jorge Zahar, 1999. p.196-208.

FOUREZ, G. *A construção das ciências*. São Paulo: Editora UNESP, 1995.

FRIGOTTO, G. O enfoque da dialética materialista histórica na pesquisa educacional. In: FAZENDA, I. (Org.) *Metodologia da pesquisa educacional*. São Paulo: Cortez, 1989. p.69-90.

GAARDER, J. *Le monde de Sophie*. Paris: Seuil, 1995.

GAMBOA, S. A. S. A dialética na pesquisa em educação: elementos de contexto. In: FAZENDA, I. (Org.) *Metodologia da pesquisa educacional*. São Paulo: Cortez, 1989. p.69-90.

GARCIA, F. L. *Introdução crítica ao conhecimento*. Campinas: Papirus, 1988.

GAY, J.-C. *Les discontinuités spatiales*. Paris: Economica, 1995.

GÉLÉDAN, A., BRÉMOND, J. *Dicionário económico e social*. Lisboa: Livros Horizonte, 1988.

GIDDENS, A. *As consequências da modernidade*. São Paulo: Editora UNESP, 1991.

GOMES, P. C. da C. O conceito de região e sua discussão. In: CASTRO, I. E. et al. (Org.) *Geografia: conceitos e temas*. Rio de Janeiro: Bertrand Brasil, 1995. p.49-76.

______. *Geografia e modernidade*. Rio de Janeiro: Bertrand Brasil, 1996.

GONÇALVES, C. W. P. A Geografia está em crise. Viva a Geografia! In: MOREIRA, R. (Org.) *Geografia: teoria e crítica*. Petrópolis: Vozes, 1982. p.93-113.

______. Apresentação. Os outros 500 na formação do território brasileiro. *Anais do XII Encontro Nacional de Geógrafos*. Florianópolis: AGB/UFSC, 2000. p.5-10.

GREGORY, D., MARTIN, R., SMITH, G. *Geografia Humana. Sociedade, espaço e ciência social*. Rio de Janeiro: Jorge Zahar, 1996.

GUERRA, A. T., GUERRA, A. J. T. *Novo dicionário geológico-geomorfológico*. Rio de Janeiro: Bertrand Brasil, 1997.

HARVEY, D. *Urbanismo y desigualdad social*. Mexico: Siglo Ventiuno, 1973.

______. *Justiça social e a cidade*. São Paulo: Hucitec, 1984.

______. *A condição pós-moderna*. São Paulo: Loyola, 1992. 349p.

HESSEN, J. *Teoria do conhecimento*. Coimbra: Armênio Amado, 1976.

HUBERT, J.-P. *La discontinuité critique*. Paris: Sorbonne, 1993.

IANNI, O. *A sociedade global*. Rio de Janeiro: Civilização Brasileira, 1992.

______. *Teorias da globalização*. Rio de Janeiro: Civilização Brasileira, 1996.

JAMESON, F. *Pós-modernismo: a lógica cultural do capitalismo tardio*. São Paulo: Ática, 1996.

JAPIASSU, H., MARCONDES, D. *Dicionário básico de Filosofia*. Rio de Janeiro: Jorge Zahar, 1990.

JOHNSON, J. H. *Geografía urbana*. Barcelona: Oikos-tau, 1974.

JOHNSTON, R. J. (Ed.) *The dictionary of Human Geography*. Oxford: Blackwell, 1994.

KUMAR, K. *Da sociedade pós-industrial à pós-moderna*. Rio de Janeiro: Jorge Zahar, 1997.

LACOSTE, Y. *A Geografia – isso serve, em primeiro lugar, para fazer a guerra*. Campinas: Papirus, 1988.

LAKATOS, E. M., MARCONI, M. de A. *Metodologia científica*. São Paulo: Atlas, 1982.

LEFÈVRE, H. *Introdução à modernidade*. Rio de Janeiro: Paz e Terra, 1969.

_______. *La production de l'espace*. Paris: Anthropos, 1973.

_______. *Espacio y política*. Barcelona: Ed. 62, 1976.

_______. *Lógica formal / lógica dialética*. Rio de Janeiro: Civilização Brasileira, 1983.

_______. *La production de l'espace*. Paris: Anthropos, 1986.

LENCIONI, S. *Região e geografia*. São Paulo: Edusp, 1999.

LIBAULT, A. Os quatro níveis da pesquisa geográfica. *Geocartografia (São Paulo)*, n.1, p.3-19, 1994.

LIPIETZ, A. *O capital e seu espaço*. São Paulo: Nobel, 1988.

LÖWY, M. *Ideologias e ciência social*. São Paulo: Cortez, 1991.

LUNA, S. V. de. O falso conflito entre tendências metodológicas. In: FAZENDA, I. (Org.) *Metodologia da pesquisa educacional*. São Paulo: Cortez, 1989. p.21-33.

MAMIGONIAN, A. Marxismo e globalização: as origens da internacionalização mundial. In: SOUZA, A. J. de. et al. *Milton Santos. Cidadania e globalização*. Bauru: Associação dos Geógrafos Brasileiros / Saraiva, 2000. p.95-100.

MARTINS, J. A pesquisa qualitativa. In: FAZENDA, I. (Org.) *Metodologia da pesquisa educacional*. São Paulo: Cortez, 1989. p. 47-58.

MARX, K. *A ideologia alemã*. Lisboa: Presença, São Paulo: Martins Fontes, s. d.

MATTOSO, J. *A desordem do trabalho*. São Paulo: Scritta, 1995.

MENDOZA, J. G., JIMÉNEZ, J. M., CANTERO, N. O. *El pensamiento geográfico*: Estudio interpretativo y antología de textos (de Humboldt a las tendencias radicales). Madrid: Alianza, 1982.

MONTEIRO, C. A. de F. *A Geografia no Brasil (1934-1977)*: avaliação e tendências. São Paulo: USP/IGEOG, 1980.

MORAES, A. C. R. de. *Geografia, pequena história crítica*. São Paulo: Hucitec, 1981.

MORAES, A. C. R. de. *A gênese da Geografia moderna*. São Paulo: Hucitec, 1986.

_______. *Ratzel*. São Paulo: Ática, 1990.

MOREIRA, R. *Geografia: teoria e crítica* – o saber posto em questão. Petrópolis: Vozes, 1982.

MORIN, E. *Os sete saberes necessários à educação do futuro*. São Paulo: Cortez, 2000.

MÜLLER, N. L. Aspectos da vida da Associação dos Geógrafos Brasileiros. *Boletim Paulista de Geografia*. São Paulo, n.38, p.43-56, 1961.

NUNES, C. A. *Aprendendo Filosofia*. Campinas: Papirus, 1989.

OLIVEIRA, A. S. de et al. *Introdução ao pensamento filosófico*. São Paulo: Loyola, 1990.

OLIVEIRA, F. *Elegia para uma re(li)gião*. São Paulo: Vozes, 1977.

OLIVEIRA, M. P. de. *Geografia e epistemologia*: meandros e possibilidades metodológicas. Paris: s. n. 1996. (Mimeogr.).

ORTIZ, R. *Cultura e modernidade*. São Paulo: Brasiliense, 1991.

PAELINCK, J. H. P., SALLEZ, A. *Espace et localisation*. Paris: Economica, 1983.

PEET, R. Societal contradiction and marxist geography. *Annals of the Association of American Geographers*, v. LXIX, n.1, p.164-9, 1979.

_______. The development of radical geography in the United States States. In: PEET, R. (Org.) *Radical Geography*: Alternative Viewpoints on Contemporary Social Issues. Londres: Methuen, 1978. p.6-30.

PEREIRA, R. M. F. do A. *Da Geografia que se ensina à gênese da Geografia moderna*. Florianópolis: UFSC, 1989.

PETRELLA, R. *Los límites a la competitividad*. Buenos Aires: s. n., 1996.

PIETTRE, B. *Filosofia e ciência do tempo*. Bauru: Edusc, 1997.

PONTUSCHKA, N. N. A Geografia: pesquisa e ensino. In: CARLOS, A. F. A. (Org.) *Novos caminhos da Geografia*. São Paulo: Contexto, 1999. p.111-42.

POPPER, K. *El desarrollo del conocimiento cientifico*. Buenos Aires: Paidós, 1967.

_______. *A lógica da pesquisa científica*. São Paulo: Cultrix, 1975.

_______. *Conhecimento objetivo*. Belo Horizonte: Itatiaia, 1975.

PRADO JUNIOR, C. *Notas introdutórias à lógica dialética*. São Paulo: Brasiliense, 1968.

QUAINI, M. *Marxismo e Geografia*. Rio de Janeiro: Paz e Terra, 1979.
_______. *A construção da Geografia Humana*. Rio de Janeiro: Paz e Terra, 1983.
RAY, C. *Tempo, espaço e filosofia*. Campinas: Papirus, 1993.
REBOUR, T. *La théorie du rachat*: Géographie, Économie, Histoire. Paris: Publications de la Sorbonne, 2000.
ROSENDAHL, Z. *Porto das Caixas: espaço sagrado da Baixada Fluminense*. São Paulo, 1994. Tese (Doutorado) – Faculdade de Filosofia, Letras e Ciências Humanas, Universidade de São Paulo.
ROSSI, P. *A ciência e a filosofia dos modernos*. São Paulo: Editora UNESP, 1992.
ROUANET, S. P. *Folha de S.Paulo*, 13.7.1992, p.6-4.
SANDRONI, P. *Dicionário de Economia*. São Paulo: Best Seller, 1989
SANTOS, B. de S. *Pela mão de Alice*. O social e o político na pós-modernidade. São Paulo: Cortez, 1997.
SANTOS, M. Desenvolvimento econômico e urbanização em países subdesenvolvidos: os dois sistemas de fluxo da economia urbana e suas implicações espaciais. *Boletim Paulista de Geografia*. São Paulo, n.53, p.35-59, 1977.
_______. *Por uma Geografia nova*. São Paulo: Hucitec, 1978.
_______. *O espaço dividido*: os dois circuitos da economia urbana dos países subdesenvolvidos. Rio de Janeiro: Francisco Alves, 1979.
_______. *Espaço & método*. São Paulo: Nobel, 1985.
_______. (Org.) *Novos rumos da Geografia brasileira*. São Paulo: Hucitec, 1996.
_______. O território e o saber local: algumas categorias de análise. *Cadernos do IPPUR*. Rio de Janeiro: IPPUR, ano XIII, n.2, p.7-12, 1999.
_______. *Por uma nova globalização*. São Paulo: Record, 2000.
SCHAEFER, F. K. Exceptionalism in Geography: a methodological examination. *Annals of the Association of American Geographers (Washington)*, v.3, n.43, p.226-49, 1953.
SCHAFF, A. *História e verdade*. São Paulo: Martins Fontes, 1991.
SEABRA, M, GOLDENSTEIN, L. Divisão territorial do trabalho e nova regionalização. *Revista do Departamento de Geografia (São Paulo)*, IGEOG/USP, n.1, p.21-47, 1982.
SEVERINO, A. J. *Filosofia*. São Paulo: Cortez, 1992.

SEVERINO, A. J. *Metodologia do trabalho científico*. São Paulo: Cortez, 1993.

SILVA, A. C. da. Fenomenologia e Geografia. *Orientação (São Paulo)*, Instituto de Geografia-Departamento de Geografia-USP, n.7, p.53-6, 1986.

SMITH, Nl. *Desenvolvimento desigual*. Rio de Janeiro: Bertrand Brasil, 1986.

SODRÉ, N. W. *Introdução à Geografia. Geografia e ideologia*. Petrópolis: Vozes, 1987.

SOJA, E. W. *Geografias pós-modernas*: a reafirmação do espaço na teoria social crítica. Rio de Janeiro: Jorge Zahar, 1993.

SOUZA, A. J. de et al. (Org.) *Milton Santos: cidadania e globalização*. Bauru: AGB, 2000.

SPOSITO, E. S. Breve histórico da AGB. *Caderno Prudentino de Geografia (Presidente Prudente)*, AGB, n.5, p.97-100, 1983.

_______. S. *Percepção do espaço e formação do horizonte geográfico. Revista de Geografia (São Paulo)*, v.3, p.87-107, 1984a.

_______. Breve histórico da AGB. *Caderno Prudentino de Geografia (Presidente Prudente)*, n.5, p.97-100, 1984b.

_______. *A crise paradigmática e a crítica do conhecimento geográfico. Revista de Geografia (São Paulo)*, v.14, p.141-51, 1997a.

_______. As transformações no território do Oeste da Bahia (notas de viagem). *Caderno Prudentino de Geografia (Presidente Prudente)*, n.19/20, p.139-56, 1997b.

_______. A crise paradigmática e a crítica do conhecimento geográfico. In: CASTRO, I. E. de, MIRANDA, M., EGLER, C. G. (Org.) *Redescobrindo o Brasil 500 anos depois*. Rio de Janeiro: Bertrand Brasil, 1999. P.347-59

SUCUPIRA F. E. *Leituras dialéticas*. São Paulo: Alfa-Ômega, 1987.

SZAMOSI, G. *Tempo & espaço*: as dimensões gêmeas. Rio de Janeiro: Jorge Zahar, 1986.

THRIFT, N. Visando o âmago da região. In: GREGORY, D., MARTIN, R., SMITH, G. *Geografia Humana. Sociedade, espaço e ciência social*. Rio de Janeiro: Jorge Zahar, 1996. p.215-47.

TRINDADE, H. (Org.) *A universidade em ruínas na república dos professores*. Petrópolis: Vozes, 1999.

TRIVIÑOS, A. N. S. *Introdução à pesquisa em ciências sociais*. São Paulo: Atlas, 1995.

ULLMAN, E. L. Geography as spatial interaction. In: REUZAN, D., ENGLEBERT, E. S. (Ed.) *Interregional linkages*. Berkeley: University of California Press, 1954. p.1-12.
VÁZQUEZ, A. S. *Filosofia da práxis*. Rio de Janeiro: Paz e Terra, 1977.
VERGEZ, A., HUISMAN, D. *História dos filósofos ilustrada pelos textos*. Rio de Janeiro: Freitas Bastos, 1984.
VV.AA. *Primeira filosofia, lições introdutórias*. São Paulo: Brasiliense, 1986.
WATSON, J. W. Geography – a discipline in distance. *Scottish Geographical Magazine (Edinburgh)*, v.1, n.71, p.1-13, 1955.
WOOD, E. M., FOSTER, J. B. *Em defesa da História*. Marxismo e pós-modernismo. Rio de Janeiro: Jorge Zahar, 1999.

APÊNDICE

Para finalizar nossa proposta de metodologia de ensino do conhecimento geográfico, apresentamos, em seguida, alguns comentários sobre textos que podem ser considerados significativos como exemplos dos conceitos, temas e teorias que foram apresentados.

Conceitos

O conceito de espaço, que não pode ser definido como simples, exige muitas leituras para sua compreensão mínima. Uma delas é a obra de Henri Lefèbvre, *La production de l'espace* (1986). Não conhecemos tradução desse texto para a língua portuguesa. A discussão do conceito também está bem detalhada no livro *Por uma Geografia nova,* de Milton Santos (1978), que propõe novos enfoques de vasto temário da Geografia, incluindo o de espaço. Com linguagem mais simples e voltado principalmente para alunos de cursos de graduação, Roberto Lobato Corrêa tem contribuição interessante com seu artigo "Espaço, um conceito-chave da Geografia", no livro organizado por Iná Elias de Castro et al., intitulado *Geografia: conceitos e temas* (1995, p.15-47).

Do ponto de vista da história do conceito, a obra de Bernard Piettre, *Filosofia e ciências do tempo* (1997), é uma contribuição bastante acessível em português.

Sobre o conceito de região, o leitor poderá consultar, para uma visão bem densa, o artigo de Nigel Thrift, "Visando o âmago da região", que faz parte do livro organizado por Derek Gregory, Ron Martin e Graham Smith, cujo título é *Geografia Humana: sociedade, espaço e ciência social,* publicado em português pelo editor Jorge Zahar (1996, p.215-47). Outro texto sobre o mesmo conceito que consideramos importante é o livro de Sandra Lencioni, *Região e geografia* (1999), que o aborda sob o ponto de vista histórico.

Sobre o conceito de território, duas obras de autores franceses foram básicas para nossa exposição: de Paul Alliès, *L'invention du territoire* (1980), e de Bertrand Badie, *La fin des térritoires* (1995). Em português, uma contribuição bastante didática é o artigo de Marcelo José Lopes de Souza "O território: sobre espaço e poder, autonomia e desenvolvimento", inserido no livro *Geografia: conceitos e temas*, organizado por Iná Elias de Castro et al. (1995, p.77-116).

Temas

A *mundialização* foi tema do livro de François Chesnais, intitulado *La mondialisation du capital* (1994), que destacou sua compreensão sobre o tema e as consequências do fluxo do dinheiro na escala mundial. Diferentemente, Riccardo Petrella ateve-se ao tema da globalização em sua obra *Los límites a la competitividad,* da Universidade Nacional de Quilmes, na Argentina, publicado em 1996, traduzido do francês. É preciso registrar também a mais recente contribuição de Milton Santos, *Por uma outra globalização* (2000).

Sobre a *modernidade,* consideramos a primeira grande contribuição para o tema o livro de Henri Lefèbvre, intitulado *Introdução à modernidade* (1969). De base marxista, suas ideias foram ponto de partida para muitas outras pessoas que se ocuparam do tema, embora seu nome não seja necessariamente, na atualidade, tão associado a ele, como outras pessoas como Anthony Giddens, Edward Soja, Fredric Jameson e Walter Benjamin, por exemplo.

Podemos destacar, também, *A condição pós-moderna,* de David Harvey (1993); o livro *Geografias pós-modernas,* de Edward Soja, (1993), e a leitura que fez do tema Marshall Berman, com seu texto já bastante conhecido, *Tudo que é sólido, desmancha no ar* (1990), cuja primeira edição é de 1986.

Sobre a Associação dos Geógrafos Brasileiros, dois textos são básicos para o conhecimento de sua história. Um deles, clássico artigo do *Boletim Paulista de Geografia,* foi escrito por Nice Lecocq Müller e oferece uma visão muito pessoal da autora, mas muito autêntica, enfatizando, principalmente, a sua participação nas assembleias da associação até 1960. Esse artigo está no número 38 do Boletim, publicação da Seção Local São Paulo da AGB.

O outro texto, que também pode ser considerado clássico, foi escrito por Carlos Augusto de Figueiredo Monteiro, sob o título *A Geografia no Brasil (1934-1977)*: avaliação e tendências, publicado pelo Instituto de Geografia da Universidade de São Paulo em 1980 e se encontra esgotado.

Teorias

Sobre a *teoria do ciclo da erosão,* o texto mais significativo é aquele de William Morris Davis, intitulado "The geographical cycle", publicado em 1899 no *Geographical Journal,* v.14, nas p.481-504. Este artigo pode ser encontrado em português na *Seleção de Textos,* n.19, de 1991, publicada pela Associação dos Geógrafos Brasileiros, Seção São Paulo, sob o título "Davis & De Martonne", que foi organizado por Lylian Coltrinari.

Em 1904, Davis publicou o resumo intitulado "Complications of the geographical cycle", no 8º Congresso Internacional de Geografia, realizado em Washington, p.150-63.

A *teoria das localidades centrais* pode ser mais conhecida pela tradução da introdução de publicação de 1933, em alemão, publicada em Jena. Esse texto foi traduzido e está inserido na antologia de textos do livro *El pensamiento geográfico (estudio interpretativo y antología de textos – de Humboldt a las tendencias radicales)*, de Josefina Gómez Mendoza, Julio Muñoz Jiménez e Nicolás Ortega Cantero (1982, p.395-401).

Uma interpretação que pode ser considerada importante para a Geografia Urbana é aquela realizada por Brian Berry em dois textos que produziu. Um deles, intitulado "La teoria clásica de los lugares centrales", é capítulo do livro organizado por B. J. L. Berry e intitula-se *Geografia de los centros de mercado y distribución al por menor* (1971, p.76-94). O outro, que ele escreveu com Frank E. Horton, intitula-se "Central-place theory" e está no livro *Geographic perpsectives on urban systems,* organizado por esses dois autores (1970, p.169-75).

Como base para se estudar os *dois circuitos da economia urbana,* duas contribuições de seu autor, Milton Santos. A primeira delas, é um artigo intitulado "Desenvolvimento econômico e urbanização em países subdesenvolvidos: os dois sistemas de fluxo da economia urbana e suas implicações espaciais", elaborado quando ele era professor visitante de Geografia e Planejamento Urbano, na Universidade de Columbia, em Nova York. O artigo, traduzido do francês, foi publicado no *Boletim Paulista de Geografia,* revista da Associação dos Geógrafos Brasileiros, Seção São Paulo, n.53, de 1975. A segunda contribuição é seu livro publicado em 1979, intitulado *O espaço dividido.* Os dois circuitos da economia urbana dos países subdesenvolvidos.

Com essas indicações bibliográficas, acreditamos estar referindo textos sem os quais nenhum dos conceitos, teorias e temas poderão ser devidamente abordados como elementos fundamentais para a reflexão e o ensino do pensamento geográfico.

ÍNDICE ONOMÁSTICO

Ab'sáber, Aziz Nacib, 154
Abreu, Adilson A., 174, 175
Abreu, Dióres Santos, 5
Ackoff, Russel, 26
Alegre, Marcos, 20, 158, 161, 164-5
Alliès, Paul, 210
Alves, Rubem, 78, 83
Anaximandro, 43
Anaxímenes, 43
Andrade, Manoel Correia de, 70, 165, 167.
Araújo Filho, José Ribeiro de, 158
Aristóteles, 31, 39, 40, 62, 96
Azevedo, Aroldo, 166

Badie, Bertrand, 112-15, 210
Bailly, Antoine, 28
Baudelaire, Charles, 126
Baudrillard, Jean, 127
Beaujeu-Garnier, Jacqueline, 163
Beckinsale, R. P., 176
Benjamin, Walter, 124, 125, 211
Berger, John, 133
Bergson, Henri, 98
Berman, Marshall, 123, 211
Berry, Brian J. L., 162, 180, 181, 212
Bochénski, K. W., 38
Bonin, S., 78
Bottomore, Tom, 42, 43, 45, 58
Bourdieu, Pierre, 75, 77, 96
Braudel, Fernand, 136, 140
Brémond, Janine, 148
Brunet, Roger, 117
Bunge, Mario, 26, 27

Caetano Veloso, 47
Cantero, Nicolás Ortega, 212
Capel, Horacio, 89
Carnap, Rudolf, 32, 184
Castells, Manuel, 149
Castro, Iná Elias de, 209, 210
Ceron, Antonio Olivio, 161
Châtelet, François, 9
Chauí, Marilena, 28, 29
Chesnais, François, 141, 142, 210
Cheptulin, Alexander, 63
Cholley, André, 163
Chorley, Richard, 88, 176

Christaller, Walter, 18, 179-83
Círculo de Viena, 32-3
Claval, Paul, 106, 134
Clerc, Denis, 144
Cole, J. P., 162
Coltrinari, Lylian, 176,178, 211
Comte, Auguste, 173
Conti, José Bueno, 161
Corrêa da Silva, Armando, 5, 20, 38
Corrêa, Roberto Lobato, 88, 100, 159, 164, 179, 180, 182, 184, 209.

Damette, F., 107
Dansereau, Pierre, 165, 166
Darwin, Charles, 173, 179
Davis, William Morris, 18, 171, 172, 174-9, 211
De Martonne, Emmanuel, 178, 211
Deffontanes, Pierre, 153, 165
Deleuze, Gilles, 60
Derrida, Jacques, 131
Descartes, René, 25, 27, 30, 31, 97
Destutt de Tracy, 56
Dilthey, Wilhelm, 35
Diniz, J. Alexandre Felizola, 161
Dosse, François, 9
Dowbor, Ladislau, 149

Echeverría, Bolívar, 129
Egler, Cláudio Antonio, 24
Einstein, Albert, 50, 96, 98
Engels, Friedrich, 44, 53, 63, 173
Espinosa, Baruch, 95
Faissol, Speridião, 161
Fazenda, Ivani, 48
Feuerbach, Ludwig, 173
Feyerabend, Paul, 49, 50, 125
Fichte, Johann G., 172
Fonseca, Fernando P., 78
Foster, John B., 132, 133
Foucault, Michel, 133
Fourier, Charles, 173
Frigotto, Denise, 47

Gaarder, Joostein, 27, 39, 40-2, 74
Galileu, 31
Gambi, Lucio, 93
Gamboa, Silvio S., 50, 51, 53.
Garcia, Francisco L., 74, 75, 77
Gay, Jean-Christophe, 116-8
Geiger, Pedro Pinchas, 161
Geledan, Alain, 148
Giddens, Anthony, 124, 134, 211
Gilbert, G. K., 174
Goethe, Wilhelm, 128
Goldenstein, Léa, 109
Gomes, Paulo César da Costa, 102-4, 125-7
Gonçalves, Carlos Walter Porto, 11, 154, 156, 160, 185
Gottmann, Jean, 118
Gramsci, Antonio, 47, 57
Gregory, Derek, 210
Guattari, Félix, 60
Guerra, Antonio José Teixeira, 28
Guerra, Antonio Teixeira, 28

Habermas, Juergen, 126
Haggett, Peter, 88
Hartshorne, Richard, 88, 103, 106
Harvey, David, 44, 45, 92-5, 100, 110, 127, 130, 132, 211
Hassan, I., 132
Haussman, G., 128
Hegel, Johann F., 40-4, 46, 62, 63, 97, 172
Hegemberg, Leônidas, 26
Heidegger, Martin, 36
Heráclito, 43, 45.
Hettner, Alfred, 103

Horton, Frank E., 180, 212
Hubert, Jean-Paul, 116, 117
Huisman, H., 30, 31, 36, 37, 67, 69
Humboldt, Alexander von, 69, 166
husserl, Edmund, 35-7
huyssens, A, 130

Ianni, Octavio, 139-40

Jameson, Fredric, 107-10, 131, 133, 211
Japiassu, Hilton, 25, 29, 32, 35, 36, 39, 46, 56, 58-62, 65, 66, 117, 173
Jiménez, Julio Muñoz, 212
Johnson, James, 181-3
Johnston, R. J., 27, 111
Juillard, Jean, 163

Kant, Immanuel, 37, 44, 46, 61, 62, 66, 97, 98, 105, 117, 172
Keynes, John Maynard, 148
Kierkegaard, Soren, 173
Kondratieff, Nikolai D., 145
Kropotkin, Piotr, 173
Kuhn, Thomas, 86
Kumar, Krishan, 125

Lacoste, Yves, 9, 159
Lakatos, Eva, 26
Lefèvbvre, Henri, 34, 40, 63, 65, 89, 93 105, 133, 134, 209, 210
Leibniz, Gottfried W., 95
Lencioni, Sandra, 37, 44, 105-7, 210
Lenin, Vladimir I., 57, 142
Libault, André, 83
Lipietz, Alain, 109
Lösch, August, 189
Löwy, Michael, 47, 56, 57, 94
Lukács, Georg, 57

Magalhães, José Cézar, 158
Mamigonian, Armen, 5, 144, 145, 158, 159
Mandel, Ernst, 133
Mannheim, Karl, 57, 58
Marcondes, Danilo, 25, 29, 32, 35, 36, 39, 46, 56, 58-62, 65, 66, 117, 173
Martin, Ron, 210
Martins, Joel, 61
Marx, Karl, 43-7, 56, 57, 63, 81, 107-10, 148, 173, 188
Melo, Jayro Gonçalves, 20
Mendoza, Josefina G., 93, 173, 174, 178, 212
Merleau-Ponty, Maurice, 36
Monbeig, Pierre, 165, 167
Monteiro, Carlos Augusto de F., 154, 161-3, 211
Moraes, Antonio C. Robert de, 103, 104, 179
Moreira, Ruy, 159
Morin, Edgar, 50, 79-82, 85, 195
Moustaki, Georges, 20
Muller, Nice Lecocq, 165-7, 211

Neurath, Otto, 184
Newton, Isaac, 97, 98
Nietzsche, Friedrich, 97, 173
Nunes, César A., 35, 36

Oliva, Jaime T., 78
Oliveira, Admardo S., 57, 65, 67, 172, 184
Oliveira, Ariovaldo Umbelino de, 5, 12, 20
Oliveira, Francisco de, 107, 109, 111
Oliveira, Lívia de, 161
Oliveira, Márcio P. de, 105
Ortiz, Renato, 125, 139
Owen, Robert , 173

Parmênides, 43
Peet, Richard, 89, 92, 93
Penck, Albrecht, 177, 178
Penck, Walter, 174, 176

Pereira, Raquel M. F. do Amaral, 166
Perras, Robert , 22
Petrella, Riccardo, 137, 139, 146-8, 210
Petrone, Pasquale, 160
Piettre, Bernard, 96-9, 210
Pitágoras, 43
Platão, 37, 39, 40, 45
Plotino, 45
Pontuschka, Nidia Nacib, 70, 165
Popper, Karl, 32, 33, 48-50, 86, 184
Powell, J. W., 174
Prado Jr., Caio, 40, 165
Pred, A., 126
Proudhon, Pierre Joseph, 173
Pumain, Denise, 22

Quaini, Massimo, 54, 93

Ratzel, Friedrich, 88
Réclus, Elisée, 173
Ricoeur, Paul, 35
Ritter, Karl, 69
Rochefort, Michel, 163
Rondon, Cândido, 165
Rosendhal, Zeny, 101
Rouanet, João Paulo, 124
Ruellan, Francis, 165
Ruigrok, W., 139
Russel, Bertrand, 184

Sachs, Ignacy, 144
Saint-Simon, Claude H. B., 173
Sandroni, Paulo, 25
Sant'anna Neto, João Lima, 20
Santo Agostinho, 96, 98
Santo Tomás de Aquino, 56
Santos, Milton, 18, 24, 64, 85, 89-92, 94, 95, 99, 104, 115, 137, 149, 153, 154, 159, 186, 187, 189,190, 209, 210, 212
Schaefer, Fred K., 88
Schaff, Adam, 58, 76, 81
Schelling, Friedrich, 172
Schiller, F. J. C., 45
Schlick, Moritz, 184
Schumpeter, Joseph A., 128
Seabra, Manoel Gonçalves, 109
Severino, Joaquim Antonio, 26
Silveira, João Dias da, 166
Smith, Graham, 210
Soares, Fábio Macedo, 165
Sócrates, 27, 45
Soja, Bernard, 93, 94, 133, 211
Souza, Marcelo J. Lopes de, 210
Spencer, Herbert, 173
Sposito, Eliseu Savério, 10, 24, 26, 28, 29, 34, 39, 159
Sposito, Maria Encarnação B., 20
Stuart Mill, John, 172
Szamósi, Géza, 73, 76

Taaffe, E., 159
Tales, 43
Thrift, Nigel, 107-10, 210
Tricart, Jean, 163
Trisóglio, Maria José, 20
Tuan, Yi Fu, 101
Tulder, R. van, 139
Trujillo, Alfonso, 26

Ullman, E. L., 88

Vattimo, G., 126
Vergez, André, 36, 37, 67, 69
Vidal de la Blache, Paul, 103, 106-10, 166.

Wallerstein, Immanuel, 140, 141
Watson, J. W., 88
Wittgenstein, Ludwig, 184

Xenófanes, 43

Zenão, 43

SOBRE O LIVRO

Formato: 14 x 21 cm
Mancha: 23,7 x 42,5 paicas
Tipologia: Horley Old Style 10,5/14
Papel: Offset 75 g/m² (miolo)
Cartão Supremo 250 g/m² (capa)
1ª edição: 2004
4ª reimpressão: 2011

EQUIPE DE REALIZAÇÃO

Coordenação Geral
Sidnei Simonelli

Edição de Texto
Olivia Frade Zambone (Assistência Editorial)
Nelson Luís Barbosa (Preparação de Original)
Fábio Gonçalves e Arlete Zebber (Revisão)

Editoração Eletrônica
Lourdes Guacira da Silva Simonelli (Supervisão)
José Vicente Pimenta (Diagramação)

Impressão e Acabamento
FARBE DRUCK
gráfica e editora ltda.